丛书编委会

主 任：何积丰

副主任：陈 英 杨春晖

委员（按姓氏笔画排序）：
王 强 史学玲 刘可安 刘豫湘 纪春阳 吴萌岭
林 晖 胡春明 胥 凌 高殿柱 郭 进 郭 建
宾建伟 黄 凯 梁海强 蒲戈光

软件功能安全系列丛书

智能家电软件功能安全标准解析与实践

工业和信息化部电子第五研究所　组编

◎ 主　编　宾建伟
◎ 副主编　许　朋　黄晓昆　刘奕宏

电子工业出版社
Publishing House of Electronics Industry
北京·BEIJING

内 容 简 介

本书围绕嵌入式软件功能安全技术，详细讲述了 GB 14536.1—2008《家用和类似用途电自动控制器 第 1 部分：通用要求》（等同于国际标准 IEC 60730-1:2003）中安全软件研发的管理和技术要求，内容包括软件的安全相关等级要求、安全软件技术及安全软件过程控制，详细解读了控制器和软件的相关定义、软件开发要求、控制器安全相关部件的常见故障及故障检测设计要求，并提供了 B 类控制软件的主要常见故障检测设计流程图和伪代码。另外，还分析和解读了新标准 IEC 60730-1:2020 的变更内容。希望本书能够帮助广大读者深入理解家电控制器软件功能安全标准，提高产品研制水平，推动我国软件功能安全技术的发展。

本书适合智能家电产品软件项目经理、系统分析师、安全工程师、产品设计人员、测试工程师等从业人员，以及对智能家电感兴趣的爱好者阅读。

未经许可，不得以任何方式复制或抄袭本书之部分或全部内容。
版权所有，侵权必究。

图书在版编目（CIP）数据

智能家电软件功能安全标准解析与实践 / 工业和信息化部电子第五研究所组编；宾建伟主编. —北京：电子工业出版社，2022.7
（软件功能安全系列丛书）
ISBN 978-7-121-43671-0

Ⅰ.①智… Ⅱ.①工… ②宾… Ⅲ.①日用电气器具－应用软件－安全标准－研究 Ⅳ.①TM925-39

中国版本图书馆 CIP 数据核字（2022）第 096810 号

责任编辑：牛平月　　　特约编辑：田学清
印　　刷：三河市双峰印刷装订有限公司
装　　订：三河市双峰印刷装订有限公司
出版发行：电子工业出版社
　　　　　北京市海淀区万寿路 173 信箱　　邮编：100036
开　　本：787×1092　1/16　印张：12.5　字数：282 千字
版　　次：2022 年 7 月第 1 版
印　　次：2022 年 7 月第 1 次印刷
定　　价：79.00 元

凡所购买电子工业出版社图书有缺损问题，请向购买书店调换。若书店售缺，请与本社发行部联系，联系及邮购电话：(010) 88254888，88258888。
质量投诉请发邮件至 zlts@phei.com.cn，盗版侵权举报请发邮件至 dbqq@phei.com.cn。
本书咨询联系方式：niupy@phei.com.cn。

丛书序

自 18 世纪中期以来，人类历史先后发生了 3 次工业革命：第一次工业革命开创了"蒸汽时代"（1760—1840 年），标志着农耕文明向工业文明的过渡；第二次工业革命进入了"电气时代"（1840—1950 年），使得电力、钢铁、铁路、化工、汽车等重工业兴起；第三次工业革命开创了"信息时代"（1950 年至今），全球信息和资源交流变得更为迅速，工业化与信息化深度融合。3 次工业革命的演进和积累使得人类发展进入了繁荣的时代。与此同时，这种发展方式也造成了巨大的能源、资源消耗，并付出了巨大的生态成本和环境代价，急剧扩大了人与自然之间的矛盾。人类开始意识到，粗放型发展方式是错误的，绿色、节约、高质量的发展方式成为 21 世纪的必然选择。

我国在前两次工业革命中发展迟缓，在第三次工业革命期间奋起直追，逐渐改变局面。特别是近些年来，中国空间站、深海蛟龙、太湖之光、中国天眼、华龙一号等成就举世瞩目。但同时应该清楚地认识到，我国众多产业中的关键零部件和材料仍依赖进口，基础产业仍处于"大而不强"的状态，如何进一步攻克核心领域的关键技术，如何全面提高核心产业的整体水平，如何快速实现我国经济发展的转型升级是中华民族伟大复兴之路的关键问题。

当前，软件已成为各行各业智能化、互联化的关键，广泛应用于金融、电力、交通、航天航空、国防等重点领域。随着软件的规模越发庞大、结构日趋复杂，会存在问题或缺陷，可能导致失效，甚至引发事故。软件的安全性、可信性成为业内广泛关注的焦点。软件安全性分析、设计、验证、维护等关键基础技术更加重要。

在这个问题的研究上，西方发达国家比我国先迈出了一步。1995 年，麻省理工学院研究团队针对嵌入式软件安全性（Safety）发起了"MIT Safety Project"项目。依托此项目，该团队发表了大量关于软件安全性分析、安全需求管理、软件安全性设计和验证的论文、著作，为嵌入式软件安全性研究奠定了较好的理论基础。在此之后，该领域的研究得到了国际上的广泛关注。2000 年，国际电工委员会发布了首个产品安全性标准——IEC 61508《电气/电子/可编程电子安全系统的功能安全》。该标准从研发过程管理、安全保障技术等多个方面对安全相关产品（含软件）提出了要求，得到了国际上知名检测认证机构（TUV、SGS、UL、CSA 等）、领军企业（波音、空客、GE、ABB、宝马等）的广泛支持，在世界范围内产生了较大的影响力。

经过 20 多年的发展，以该标准为基础，结合各领域知识背景，已形成了适用于航空、核电、轨道交通、工业仪表、医疗电子、电驱设备、智能家电等领域的产品安全技术标准，涉及国计民生各个重点行业。虽然标准体系逐渐完善，但是功能安全相关标准仍比较松散，针对具体检测的技术方法、工具仍十分缺乏。因此，本丛书对软件功能安全相关标准进行了梳理，并从技术角度进行了总结，希望将来这些标准能成为系列，并有统一的归口。

当前，我国智能制造的发展需求十分迫切，本丛书对软件功能安全相关标准的条款进行了详细解析，并对重要条款的细则进行了详细介绍，希望能帮助读者理解和掌握标准条款的内涵，推动标准技术的正确应用，为广大读者做向导。本丛书由工业和信息化部电子第五研究所杨春晖副总工牵头，20 多位有丰富软件安全性、软件质量、软件测试评估经验的一线专家和技术人员参与了编写工作。本丛书具有系统性、实用性和前瞻性，有助于读者全面、系统地了解和掌握软件功能安全技术的全貌。尽管对于书中一些具体概念的提法和技术细节可能存在不同的看法，但我认为：一方面，学术需要争论；另一方面，需要通过具体实践逐步走向共识。相信本丛书能间接促进轨道交通、汽车电子、智能家电等领域产品软件质量的提升并取得国际认证，助力我国智能制造的发展。

前言

在日常生活中，常用的冰箱、空调、空气去湿器、加湿器、洗衣机、电熨斗、电磁炉、微波炉、电烤箱、电饭煲、电热水器、破壁理疗机、空气能热水器、电视机等都属于家用和类似用途设备的范畴。这些设备中的电自动控制器是其大脑或神经中枢，控制这些设备正常工作，使这些设备可以使用电、气体、油、固体燃料、太阳能或其他能源更好地为人类服务。根据使用能源的不同，可将这些设备分为家用电器、燃气燃烧器具、燃油燃烧器具、太阳能器具等。家用电器是其中最为普遍的类型，是以电能（或机械化动作）进行驱动的用具，可执行家庭杂务，如做饭、食物保存或清洁，除了用于家庭环境，还可用于公司或工业环境。

家用电器产业已成为我国国民经济的重要组成部分，是消费品产业的重要支柱和主导产业，总产值占国民生产总值的比例有不断增长的趋势。根据奥维云网数据，2020 年，我国家用电器产业国内累计销售额为 7297 亿元（涉及彩电、白电、厨卫、小家电产品等品类）。根据国家统计局公布的限额以上单位商品零售额数据，家用电器仅次于汽车、粮油食品类、服装类和石油及制品类，位居第五。

随着产业的发展和科技的进步，微处理器、传感器技术、网络通信技术被引入家电/商用设备，使其功能越来越强，智能化越来越成为用户对高端家电/商用设备的需求。但由此也带来了设备中越来越多的安全功能由相关的电子、可编程电子、软件实现，结构越来越复杂，相应的安全相关硬件和软件缺陷也将不可避免地给人、财产等带来安全危害，这就给家电/商用设备厂商提出了新的安全技术挑战。

电自动控制器对这些家用/商用设备的正常运行起着至关重要的作用，控制着设备的压力、温度等重要工作参数，避免设备出现超温、超压甚至起火、爆炸等危险，以保证设备安全工作。

1993 年，IEC 发布了标准 IEC 60730-1:1993，国内现行标准为 2008 年由中国电器工业协会提出，由全国家用自动控制器标准化技术委员会归口的 GB 14536.1—2008。目前，国际标准最新版更新为 IEC 60730-1:2020。

IEC 60730-1 适用于电自动控制器固有的安全、与设备安全有关的操作值/操作时间/操作程序、电自动控制器的试验、机械操纵或电操纵的电自动控制器（这些控制器能响应或控制各种特性，如温度、压力、时间、湿度、电压、电流、加速度等）等。IEC 60730-1 对电自动控制器的试验、额定值、分类、资料、防触电保护、接地保护措施、端子和端头、结构、防潮防尘、电气强度、绝缘电阻、发热、制造偏差和漂移、环境应力、耐久性、机械强度、螺纹部件及连接、爬电距离、电气间隙、穿通固体绝缘的距离、耐热、耐燃、耐漏电起痕、耐腐蚀性、电磁兼容发射和抗扰度、正常操作、非正常操作、电子断开使用导则等进行了要求和规范。

本书详细讲述了 GB 14536.1—2008 中安全相关软件研发的技术要求,详细解读了安全相关控制器软件的开发要求、控制器安全相关部件的常见故障及故障检测设计要求,给出了 B 类控制软件的主要常见故障检测设计流程图和伪代码,并分析解读了新标准 IEC 60730-1:2020 的变更和新增要求,对安全相关软件研发的生命周期要求进行了详细阐述,可供相关工程技术人员参考。

本书在编写过程中,得到了领导、同行和同事的大力支持和帮助,感谢杨春晖副总工程师对本书编写的总体把控和指导,感谢庞雄文教授提供的嵌入式软件安全措施技术开发素材,感谢李红曼、黄奇等同事对相关资料的搜集和整理工作。

由于作者对标准的理解水平有限和工程实践的局限性,书中难免存在纰漏之处,请读者不吝赐教、批评指正。若您对本书有任何的意见、建议,欢迎与我们探讨,联系邮件:binjianwei@ceprei.com。

编 者

2022 年 6 月

目录

第1章 定义及要求 ... 1
1.1 控制器相关定义 ... 1
1.1.1 与断开和切断相关的定义 ... 1
1.1.2 按结构分类的控制器类型定义 ... 2
1.1.3 与防触电保护相关的定义 ... 3
1.1.4 与使用软件的控制器结构相关的定义 ... 4
1.1.5 与使用软件的控制器中避免错误相关的定义 ... 6
1.1.6 与使用软件的控制器故障/错误控制技术相关的定义 ... 10
1.1.7 与使用软件的控制器的贮存测试相关的定义 ... 21
1.2 软件相关定义 ... 27
1.2.1 软件术语的定义——总则 ... 27
1.2.2 与功能安全相关的定义 ... 30
1.2.3 与软件类别相关的定义 ... 33
1.2.4 与数据交换相关的定义 ... 34
1.3 相关要求 ... 36
1.3.1 资料要求 ... 36
1.3.2 控制器的结构要求 ... 39
1.3.3 故障/错误的控制措施 ... 40
1.3.4 控制器安全相关部件的常见故障及检测处理措施 ... 42
1.3.5 其他故障/错误的控制措施 ... 47

第2章 控制器安全相关部件的常见故障及故障检测方法 ... 51
2.1 CPU（MCU）故障及故障检测方法 ... 51
2.1.1 寄存器故障及故障检测方法 ... 51
2.1.2 指令、译码与执行故障及故障检测方法 ... 69
2.1.3 程序计数器故障及故障检测方法 ... 71
2.1.4 寻址故障及故障检测方法 ... 78
2.1.5 数据路径和指令译码故障及故障检测方法 ... 79
2.2 中断处理与执行故障及故障检测方法 ... 80
2.2.1 中断处理与执行故障及故障检测方法 ... 80

2.2.2　中断的功能监测 82
　　2.2.3　中断的时隙监测 83
2.3　Clock 时钟故障及故障检测方法 86
　　2.3.1　Clock 时钟故障及其检测措施 86
　　2.3.2　频率监测 87
　　2.3.3　时隙监测 89
2.4　贮存器故障及故障检测方法 91
　　2.4.1　不可变贮存器故障及故障检测方法 92
　　2.4.2　可变贮存器故障及故障检测方法 96
　　2.4.3　寻址故障及故障检测方法 98
2.5　内部数据路径故障及故障检测方法 99
　　2.5.1　数据故障及故障检测方法 99
　　2.5.2　寻址故障及故障检测方法 101
2.6　外部通信故障及故障检测方法 101
　　2.6.1　数据故障及故障检测方法 102
　　2.6.2　寻址故障及故障检测方法 110
　　2.6.3　计时故障及故障检测方法 111
2.7　外围 I/O 故障及故障检测方法 118
　　2.7.1　数字 I/O 故障及故障检测方法 118
　　2.7.2　模拟 I/O 故障及故障检测方法 120
2.8　监测装置和比较器故障及故障检测方法 126
2.9　常规集成块故障及故障检测方法 127
　　2.9.1　常规集成块故障检测方法 127
　　2.9.2　周期性自检 128

第 3 章　新标准的变动情况分析 129
3.1　局部改动内容 129
3.2　新增条款 130
　　3.2.1　预防缺陷的方法 130
　　3.2.2　远程驱动控制相关条款 141

第 4 章　软件生命周期要求解析 151
4.1　软件安全需求 155
4.2　软件结构设计 156
4.3　模块设计 158
4.4　编码 159
4.5　测试 160
　　4.5.1　模块测试 160

  4.5.2 集成测试 164
  4.5.3 系统测试 165
  4.5.4 验收测试 167
  4.5.5 其他测试 168
  4.5.6 其他 175

附录 A 软件配置项测试内容 177
 A.1 功能性 177
 A.2 可靠性 178
 A.3 易用性 179
 A.4 效率 180
 A.5 维护性 180
 A.6 可移植性 181
 A.7 依从性 182

参考文献 183

第1章 定义及要求

1.1 控制器相关定义

1.1.1 与断开和切断相关的定义

【内容】

电子断开 electronic disconnection

电子断开是由用于功能性断开的线路中的电子器件引起的非周期性中断。此类断开不是通过在至少一个极上提供满足某种电气要求的空气间隙来获得的。

【注释】

电子断开不是两个器件有物理空隙的断开,而是由用于功能性断开的线路中的电子器件引起的非周期性中断,通过中断控制某个功能的实现。

电子断开要保证对于所有的非敏感控制器和敏感控制器,通过断开控制的功能都是可靠的。对于非敏感控制器,通过断开控制的功能要求是可靠的;而对于敏感控制器,需要列出敏感器件启动量的极限值,当敏感控制器超过此极限值时,微断开或电子断开是可靠的。这就要求对于敏感控制器,电子断开要保证超过敏感器件启动量的极限值,只有这样,才能保证控制功能的可靠性。

电子断开可通过自动动作和人工动作实现。自动动作是指电子设备对自身状态和周围环境参数进行检测,从而判断并发起断开指令,以实现电子断开。例如,电子设备可周期性地检测自身的运行状况,当状态异常时,停止运行。人工动作主要是通过人的活动引起的电子断开。例如,人工发现目前处于异常状态或危险状态,从而按下紧急制动按钮,实现电子断开。

控制器大多具有一种电路切断类型,但也有某些控制器可以具有多于一种的电路切断类型。

电子断开并不要求在所有的电子控制器中都适用，在某些应用中可能不适用。

1.1.2 按结构分类的控制器类型定义

【内容】

电子控制器　electronic control

至少装有一个电子器件的控制器称为电子控制器。

电子器件　electronic device

产生电子动态不平衡的器件称为电子器件。

电子组件　electronic assembly

至少由一个电子器件构成的一组元件称为电子组件，可以在不损坏整个组件的条件下更换其中的某个元件。

集成电路　integrated circuit

集成电路是包含在一块半导体材料内，并且在这块材料表面或靠近材料表面进行互连的一种电子器件。

混合电路　hybrid circuit

混合电路是利用厚膜、薄膜或表面安装器件（SMD）技术在陶瓷基片上生产的电路，除了 I/O 点，没有其他可触及的电气连接，并且所有内部连接构成引线框式或其他整体式结构的一部分。

【注释】

本节列出了电子控制器、电子器件、电子组件、集成电路和混合电路的定义。

1. 电子控制器

电子控制器（ECU）是一种重要的电子产品，在电子生产中有着广泛的应用。电子控制器是一个微缩了的计算机管理中心，以信号（数据）采集、计算处理、分析判断、决定对策为输入，以发出控制指令、指挥执行器工作为输出。它的全部功能是通过各种硬件和软件的总和完成的，其核心是以单片机为主体的微型计算机系统。电子控制器至少装有一个电子器件，是由电子器件、电子组件、集成电路或混合电路构成的。

2. 电子器件

电子器件是组成电子控制器的最小单元。电子器件是在真空、气体或固体中利用和控制电子运动规律制成的器件。电子器件的基本功能和结构是以半导体器件、真空管或气体放电管技术为基础的，分为电真空器件、充气管器件和固态电子器件。在模拟电路中，电子器件有整流、放大、调制、振荡、变频、锁相、控制、相关等作用；在数字电路中，电子器件有采样、限幅、逻辑、贮存、计数、延迟等作用。充气管器件主要用来整流、稳压和显示。集成电路属于固态电子器件。

3. 电子组件

多个电子器件可构成电子组件。电子组件是由至少一个电子器件构成的一组元件。电子组件中的电子元件通常是个别封装的，并具有两个或以上的引线或金属接点，因此可以在不损坏整个组件的条件下更换其中的某个元件。电子元件间常相互连接以构成一个具有特定功能的电子电路，如放大器、无线电接收机、振荡器等，从而形成具有特定功能的电子组件。连接电子元件常见的方式之一是焊接到印制电路板上。

4. 集成电路

集成电路是一种微型电子器件或部件。集成电路采用一定的工艺，把一个电路中所需的晶体管、电阻、电容和电感等元件及布线互连在一起，制作在一块半导体材料上，并封装在一个封闭的外壳内，其封装外壳有圆壳式、扁平式或双列直插式等多种形式。集成电路中的所有元件在结构上已组成一个整体，使电子元件向着微小型化、低功耗、智能化和高可靠性方面迈进了一大步。它在电路中用字母"IC"表示。当今半导体工业大多数应用的是基于硅的集成电路。

5. 混合电路

混合电路也称为混合集成电路，是由半导体集成工艺与薄（厚）膜工艺结合制成的集成电路。混合电路是在基片上用成膜方法制作厚膜或薄膜元件及其互连线，在同一基片上将分立的半导体芯片、单片集成电路或微型元件混合组装并外加封装而成的。在标准中，混合电路指的是利用厚膜、薄膜或表面安装器件技术在陶瓷基片上生产的电路。由于混合电路除 I/O 点外没有其他可触及的电气连接，并且所有内部连接都成为整体式结构的一部分，因此具有组装密度大、可靠性高、电性能好等特点。

1.1.3　与防触电保护相关的定义

【内容】

保护阻抗　protective impedance

保护阻抗是接在带电部件与易触及的导电部件之间的阻抗，其阻抗值将保证在设备正常使用或出现可能的故障时，限制流过它的电流值在一个安全的范围内。

【注释】

保护阻抗设置的目的是在器具出现故障时，能够起降压作用，将电流限制在一个安全的范围内。保护阻抗可以是一个（或一组）电阻元件、电感元件或其他类似的电路单元。

它在电路中出于功能的需要而连接在带电部件和易触及导电性部件之间，在正常使用中或器具出现故障时，能确保易触及导电性部件不成为带电部件。

1.1.4　与使用软件的控制器结构相关的定义

【内容】

双通道　dual channel

双通道是一种包含两个相互独立的、执行规定操作的功能装置的结构。

带有比较的双通道（不同的）　dual channel（diverse）with comparison

带有比较的双通道（不同的）是含有两个不同的且相互独立的功能装置的双通道结构，每个通道都能提供一种规定的响应。在响应中，为识别故障/错误而对输出信号进行比较。

带有比较的双通道（相同的）　dual channel（homogeneous）with comparison

带有比较的双通道（相同的）是含有两个相同的且相互独立的功能装置的双通道结构，每个通道都能提供一种规定的响应。在响应中，为识别故障/错误而对内部信号或输出信号进行比较。

单通道　single channel

单通道是带有用于执行指定操作的单一功能装置的一种结构。

带有功能检测的单通道　single channel with functional test

在操作前，把检测数据引导到功能单元的一种单通道结构称为带有功能检测的单通道。

带有周期性自检的单通道　single channel with periodic self test

在操作期间，控制器的组件被周期性地进行检测的一种单通道结构称为带有周期性自检的单通道。

带有周期性自检和监视的单通道　single channel with periodic self test and monitoring

带有周期性自检和监视的单通道中能提供所宣称的响应的独立装置，可以对安全相关的诸如定时、序列和软件操作等进行监控。

【注释】

本节给出了使用软件的控制器的各种结构，包括双通道、带有比较的双通道（不同的）、带有比较的双通道（相同的）、单通道、带有功能检测的单通道、带有周期性自检的单通道、带有周期性自检和监视的单通道，并给出了这些控制器结构的定义。

1. 双通道

双通道包含两个相互独立的功能装置。在结构设计上，双通道应由两个相互独立的单通道构成，能够独立完成指定的功能，并且每个通道各自具有独立的控制器。在功能设计上，双通道应符合以下两种情况之一：一个通道负责设备的控制，另一个通道负责监测设备状态参数；两个通道都是相互独立的控制功能通道。在系统容错性上，双通道系统中单个通道的失效不应导致系统失效。双通道对共模故障/错误可采取特别措施。实现时，并不要求它的每个通道都是算法的或逻辑的。

2. 带有比较的双通道（不同的）

带有比较的双通道（不同的）也是一种双通道结构，其中一个通道用于功能控制，另一个通道用于系统监测。当功能控制通道出现故障时，系统监测通道应能够检测到该故障，并警示用户；当系统监测通道发生故障时，功能控制通道仍应正常运行，并且能检测到系统监测通道的故障。

3. 带有比较的双通道（相同的）

带有比较的双通道（相同的）是一种双通道结构。它的两个通道都是功能相同、结构相同的控制通道，当其中一个通道出现故障时，另一个通道仍应能够维持系统正常工作。若两个通道都能正常工作，那么系统将对两个通道的内部信号或控制输出进行比较和分析，从而可以识别故障/错误，保证控制输出的正确性和有效性。

4. 单通道

单通道应能完成既定的控制或处理功能。单通道系统中存在且仅存在承载了输入、处理、输出单元控制流和数据流的单个路径通道，不存在独立的冗余控制通道或监测通道。在单通道中，任何组件的失效或故障都将会导致整个通道失效或故障。

5. 带有功能检测的单通道

带有功能检测的单通道具备单通道的特性，同时具备功能测试软件区段，用于测试控制器组件是否能够正常工作。在系统启动时，功能测试软件区段应能自动加载测试数据，并对控制器组件进行功能测试。

6. 带有周期性自检的单通道

带有周期性自检的单通道具备单通道的特性，同时，在控制器系统工作期间，自检软件区段应能按照指定的周期间隔执行，检测被测控制器组件是否正常工作。

7. 带有周期性自检和监视的单通道

带有周期性自检和监视的单通道具备带有周期性自检的单通道的特性，同时包含可对安全相关的信息进行监控的独立装置。

1.1.5 与使用软件的控制器中避免错误相关的定义

【内容】

动态分析　dynamic analysis

动态分析是把输入到控制器的信号模拟化，并检查电路节点处的逻辑信号是否具有正确的值和定时的一种分析方法。

故障率统计　failure rate calculation

对于某一给定类型的故障，单位时间内的理论统计值为故障率统计。

硬件分析　hardware analysis

硬件分析是在规定的偏差和额定值范围内考核控制器的布线与元件是否具有正确功能的一个评价过程。

硬件模拟　hardware simulation

硬件模拟是通过利用计算机模型考核线路功能和元件偏差的一种分析方法。

检查　inspection

检查是为了鉴别可能出现的错误，是由除设计者或编程者以外的个人或小组详细地考核硬件或软件的规范、设计或代码的一个评价过程。

操作试验　operational test

操作试验是控制器在预期操作条件（如循环速率、温度、电压）的极端情况下操作，以发现在设计或结构上的错误的一个评价过程。

静态分析-硬件　static analysis-hardware

静态分析-硬件是系统地评估硬件模型的一个评价过程。

静态分析-软件　static analysis-software

静态分析-软件是无须执行程序而系统地评估软件程序的评价过程。

系统测试　systematic test

系统测试是通过引入所选择的测试数据来评估一个系统或软件程序是否能正确执行的一种分析方法。

黑盒测试　black box test

黑盒测试是将功能规范上的测试数据引入功能单元，以评价其是否正确操作的一个系统测试。

白盒测试　white box test

白盒测试是把以软件规范为基础的测试数据引入程序，以评价程序的子部分是否正确的一个系统测试。

预审　walk-through

预审是为了鉴别可能出现的错误，是由设计者或编程者引导项目评价组成员全面评价由该设计者或编程者开发的硬件设计、软件设计和/或软件代码的一个评价过程。

软件故障/错误发现时间　software fault/error detection time

从故障/错误发生到软件引起的规定的控制器响应启动的时间称为软件故障/错误发现时间。

【注释】

本节给出了使用软件的控制器避免错误的各种方法。这些方法主要是使用软件的控制器在研发过程中避免控制器硬件/软件设计或实现错误而采取的各种测试和验证。这些测试和验证是检测使用软件的控制器中缺陷的有效的和必不可少的手段与措施，也是使用软件的控制器研发周期中不可或缺的一部分。

1．动态分析与静态分析

动态分析与静态分析是检测和识别使用软件的控制器中的软件或硬件错误的有效方法。静态分析又分为使用软件的控制器的软件静态分析（静态分析-软件）和硬件静态分析（静态分析-硬件）。

从分析的对象来说，软件静态分析的对象是软件编码结束后、软/硬件集成之前的软件代码，硬件静态分析的对象是硬件设计结束后形成的电子部件及电路布局布线硬件模型；而动态分析的对象大多是软件和硬件集成的控制器。

动态分析和静态分析的主要区别就是动与静的区别，即是否需要把被分析的对象运行起来，若需要把被分析的对象运行起来，就是动态分析；若不需要把被分析的对象运行起来，就是静态分析。

硬件静态分析主要是使用计算机辅助工具对硬件的布局布线、时序和接口等的分析与功能的检查。

软件静态分析主要使用计算机工具软件对被测软件源代码进行控制流分析、数据流分析、接口分析、表达式分析和局部数据结构分析等。例如，常使用软件静态分析工具 LDRA Testbed 对软件源代码进行静态分析等。

动态分析主要是对软件和硬件集成后的控制器的分析与测试，主要包括功能测试、接口测试、容错性测试和性能测试等。动态测试主要是把被测控制器运行起来，通过人员操作或信号模拟的手段向被测控制器输入信号，检测控制器的输出信号或响应是否满足设计要求。

2. 故障率统计

设备故障一般是指设备失去或降低其规定功能的事件或现象，表现为设备的某些零件失去原有的精度或性能，使设备不能正常运行、技术性能降低，致使设备中断生产或效率降低而影响生产。简单地说，就是一台装置（或其零部件）丧失了它应达到的功能。

前面提到，故障率统计是指某一给定类型的故障在单位时间内的统计值，如每小时故障数或每一操作周期的故障数。

设备故障率也可通过计算事故（故障）停机时间与设备应开动时间的百分比得到，是考核设备技术状态、故障强度、维修质量和效率的一个指标。

3. 硬件分析与硬件模拟

前面提到，硬件分析是在规定的偏差和额定值范围内考核控制器的布线与元件是否具有正确功能的一个评价过程。硬件分析主要适用于静态分析方法，也可借助计算机软件辅助完成。

前面提到，硬件模拟是利用计算机模型考核线路功能和元件偏差的一种分析方法，可用计算机建模的方法将硬件运行起来，分析可能存在的错误或偏差。例如，MATLAB Simulink 就是一种常用的和有效的模型分析仿真工具。

4. 检查和预审

检查和预审都是为了排查或鉴别软件控制器中可能存在的错误而详细地审查与评价控制器硬件或软件规格说明、硬件设计、软件设计或软件代码的过程。

不同的是，检查和预审的实施主体不同，在预审中，控制器的设计者或编码者处于主动位置，由他们引导项目评价组成员实施评价和审核，是实施主体；在检查中，活动实施的主体是项目评价组成员，由项目评价组成员主导评价和审核过程，设计者或编程者在评价期间处于被动位置。

5. 操作试验与系统测试

操作试验是使控制器运行在可预期的极端操作条件（如循环速率、温度、电压）下，用来发现控制器在设计或结构上错误的评价过程。在此意义上，操作试验主要是指控制器的运行极限测试或强度测试。如果要求某一款控制器可在一定的电压值或电流值区间正常工作，那么操作试验就需要测试该控制器在电压值（或电流值）区间的最大值和最小值处能否正常工作。

系统测试的对象是软件控制器系统或系统软件，测试的目的是验证系统或软件是否满足系统需求或软件需求中描述的系统功能、性能等指标，同时查找系统或软件中存在的错误和缺陷，以便修复这些缺陷，从而提高系统或软件的质量。系统测试需要设计一些测试用例（测试数据）。测试用例主要说明系统在某种工作状态下，在某些输入或激励下应该（预期）有某些输出或响应。测试人员执行这些测试用例，会得到系统的实际输出和响应，若系统的实际输出和响应与预期一致，则该项测试是通过的；若不一致，则可能是系统中存在某些问题，需要具体分析和排查。

6. **黑盒测试与白盒测试**

黑盒测试和白盒测试都属于软件的动态测试，就是把软件运行起来，检查软件在某些输入激励下的输出是否正确。黑盒测试又称黑箱测试，即把被测软件看作一个黑盒子，主要关注软件在输入激励下的输出与预期输出是否一致，不关心软件的内部运行逻辑和结构；而白盒测试则不同，它不仅关注软件的实际输出与预期输出是否一致，还关注软件的内部运行与软件设计是否一致，以及软件的内部运行逻辑和结构。黑盒测试与白盒测试如图 1.1 所示。

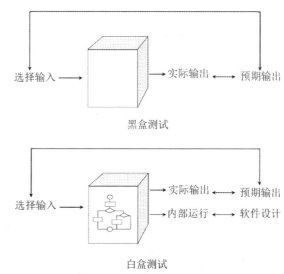

图 1.1　黑盒测试与白盒测试

黑盒测试方法一般包括功能分解、边界值分析、判定表、因果图、随机测试、猜错法和正交试验法等。白盒测试方法一般包括控制流测试（语句覆盖测试、分支覆盖测试、条件覆盖测试、条件组合覆盖测试、路径覆盖测试）、数据流测试、程序变异、程序插桩、域测试和符号求值等。

在软件动态测试过程中，应采用适当的测试方法实现测试要求。配置项测试和系统测试一般采用黑盒测试方法；部件测试一般主要采用黑盒测试方法，辅助以白盒测试方法；单元测试一般采用白盒测试方法，辅助以黑盒测试方法。

7. **软件故障/错误发现时间**

对于使用软件的控制器，故障/错误发现时间是一个与安全相关的重要指标，直接关系控制器安全相关功能能否实现。例如，在家用电热泵超温超压控制中，要求当超温或超压情况出现时，控制器应在规定的时间（如 5s）内停止加热，防止因温度或压力过高而出现管道爆裂，导致危险。

1.1.6　与使用软件的控制器故障/错误控制技术相关的定义

【内容】

全总线冗余　full bus redundancy

全总线冗余是由冗余的总线结构提供全冗余数据和/或地址的一种故障/错误控制技术。

多位总线奇偶校验　multi-bit bus parity

多位总线奇偶校验是总线扩展两位或多位，并用这些扩展位发现错误的一种故障/错误控制技术。

一位总线奇偶校验　single bit bus parity

一位总线奇偶校验是总线扩展一位，并用这一扩展位发现错误的一种故障/错误控制技术。

代码安全　code safety

代码安全是通过利用数据冗余和/或传输冗余提供防止输入和输出信息中偶然的和/或系统的错误的保护故障/错误控制技术。

数据冗余　data redundancy

数据冗余是产生冗余数据贮存的一种代码安全形式。

传输冗余　transfer redundancy

传输冗余是数据至少被连续传输两次后被比较的一种代码安全形式。

比较器　comparator

比较器是在双通道结构中用作故障/错误控制的一种器件。此器件比较来自两个通道的数据，并且在发现两个通道的数据有差异时，初始化一种声明的响应。

d.c.故障模式　d. c. fault model

d.c.故障模式是包含信号线间短路的一种黏着性故障形式。

等价类测试　equivalence class test

等价类测试是预定用于确定是否对指令进行了正确译码和执行的一种系统测试。该测试数据源自 CPU 指令规范。

错误识别装置　error recognizing means

错误识别装置是为识别系统内部错误而设计的独立装置。

汉明距离　hamming distance

汉明距离是一种统计度量，表示代码检测和纠正错误的能力。两个码字的汉明距离等于两个码字中不同位的数量。

输入比较　input comparison

输入比较是用于比较专门在规定的偏差范围内的输入的一种故障/错误控制技术。

内部错误侦测或纠正　internal error detecting or correcting

内部错误侦测或纠正是整合了用于侦测或纠正错误的特殊电路的一种故障/错误控制技术。

频率监测　frequency monitoring

频率监测是把时钟频率与一个独立的固定频率相比较的一种故障/错误控制技术。

程序顺序的逻辑监测　logical monitoring of the programme sequence

程序顺序的逻辑监测是监测程序顺序的逻辑执行的一种故障/错误控制技术。

时隙和逻辑监测　time-slot and logical monitoring

时隙和逻辑监测是程序顺序的逻辑监测和程序顺序的时隙监测的联合。

程序顺序的时隙监测　time-slot monitoring of the programme sequence

程序顺序的时隙监测是周期地触发基于独立时钟基准的计时装置而用于监测程序功能和顺序的一种故障/错误控制技术。

多路平行输出　multiple parallel output

多路平行输出是为操作错误侦测或独立比较因子提供独立输出的一种故障/错误控制技术。

输出验证　output verification

输出验证是把输出与独立的输入进行比较的一种故障/错误控制技术。

似真性检查　plausibility check

似真性检查是对程序执行、输入或输出进行检查以确认是否有不能容许的程序顺序、计时或数据的一种故障/错误控制技术。

协议测试　protocol test

协议测试是在计算机各组成部件之间进行数据传递以侦测内部通信协议错误的一种故障/错误控制技术。

倒置比较　reciprocal comparison

倒置比较是用于带有比较的双通道（相同的）结构中，在两个处理单元之间进行倒置数据交换时做比较的一种故障/错误控制技术。

冗余数据生成　redundant data generation

冗余数据生成是指提供两种或两种以上独立方法执行相同的任务，如多个代码生成器。

冗余监测　redundant monitoring

冗余监测是指利用两个或多个诸如看门狗和比较器之类的独立装置执行同一任务。

预定的传输　scheduled transmission

预定的传输是一种通信过程，在此过程中，特定的发送器只被允许在一个预先设定的时间点或时间段发送信息，除此之外，接收器将按通信出错处理。

软件差异性　software diversity

软件差异性是软件的全部或部分以不同的软件代码的形式被二次装入的一种故障/错误控制技术。

黏着性故障模式　stuck-at fault model

呈现开路或信号电平不变的故障模式称为黏着性故障模式。

受试监测　tested monitoring

受试监测是指通过诸如看门狗和比较器之类的独立装置，在控制器启动时或运行期间对其进行周期性的测试。

测试模式　testing pattern

测试模式是用于周期性地测试控制器的输入装置、输出装置和控制接口的一种故障/错误控制技术。将测试模式引入单元并将结果与期望值进行比较。使用相互独立的测试模式引入和结果评价。测试模式的建立应不影响控制器的正确操作。

【注释】

本节给出了使用软件的控制器在软/硬件设计、开发和测试过程中用到的故障/错误控制技术与方法，主要从控制器的结构设计、通信传输、通信数据校验等方面讲解了一系列错误控制方法和措施。

1. 全总线冗余

总线冗余是避免数据或地址总线在通信中的错误、提高总线通信可靠性的有效设计。总线冗余分为全总线冗余、多位总线奇偶校验、一位总线奇偶校验。

全总线冗余是由冗余的总线结构提供全部的冗余数据或冗余地址的错误控制技术。以 CAN 总线通信为例，虽然 CAN 协议自身有比较强的检错和纠错能力，但是在工业控制现场的复杂环境中，机械和电磁的噪声等都会影响 CAN 总线的可靠通信，进而使得系统的整体可靠性大大降低，解决这个问题的有效办法是采取冗余设计。冗余设计一般包括部分冗余和全面冗余。部分冗余设计通常仅实现物理介质和物理层的冗余，CAN 总线通信的实时性和可靠性仍不能得到有效保证。全面冗余设计对传输介质、数据链路层及物理层，甚至应用层都进行了全面的冗余，可以大幅度提升系统的可靠性。全面冗余与部分冗余方法相比，不使用故障判断和冗余部分切换电路，从而降低了硬件电路的设计难度，并且使系统的故障率大大降低。

2．多位总线奇偶检查和一位总线奇偶校验

奇偶校验是一种校验代码传输正确性的方法，根据被传输的一组二进制代码的数位中"1"的个数是奇数或偶数来进行校验，采用奇数的称为奇校验，采用偶数的称为偶校验。采用何种校验是事先规定好的。通常专门设置一个奇偶校验位，用它使这组代码中1的个数为奇数或偶数。若用奇校验，则当接收端收到这组代码时，校验1的个数是否为奇数，从而确定传输代码的正确性。

奇偶校验的校验方法如下。

奇校验就是让原有数据序列中（包括要加上的1位）1的个数为奇数。例如，对于序列"1000110（0）"（括号中的0是添加的1位校验位），原来1的个数是奇数（3），必须添加0，使添加位之后1的个数还是奇数。偶校验就是让原有数据序列中（包括要加上的1位）1的个数为偶数。例如，对于序列"1000110（1）"（括号中的1是添加的1位校验位），原来1的个数是奇数（3），必须添加1，使添加位之后1的个数是偶数（4）。

奇偶校验又分为单个位奇偶校验（又称单向奇偶校验）和双向奇偶校验（又称双向冗余校验、方块校验或垂直水平校验）。单个位奇偶校验是发送器在数据帧每个字符的信号位后添加一个奇偶校验位，接收器对该奇偶校验位进行检查的方式。典型的例子是面向ASCII码的数据信号帧的传输，由于ASCII码是7位码，因此，用第8位码作为奇偶校验位。对于双向奇偶校验，可通过表1.1所示的例子来说明。

表1.1 双向奇偶校验示例

—	数据位							校验位
—	1	0	1	0	1	0	1	X
	1	0	1	0	1	1	1	X
	1	1	1	0	1	0	0	X
	0	1	0	1	1	1	0	X
	1	1	0	1	0	0	1	X
	0	0	1	1	0	1	0	X
校验位	X	X	X	X	X	X	X	

注："X"表示奇偶校验采用的奇校验或偶校验的校验码。

在表1.1中，对每一行和每一列都使用了奇偶校验，对每个数的关注，由单个位奇偶校验的1×7次增加到了7×7次。因此，双向奇偶校验比单个位奇偶校验的校验能力强。

奇偶校验码是最简单的错误检测码。如果传输过程中包括校验位在内的奇数个数据位发生改变，那么奇偶校验位将出错，表示传输过程有错误发生，因此，奇偶校验位是一种错误检测码，但是由于没有办法确定是哪一位出错，所以不能进行错误校正。当发生错误时，必须扔掉全部的数据，从头开始传输数据。在噪声很多的媒介上成功传输数据可能要花费很长的时间，甚至根本无法实现。但是奇偶校验位也有它的优点，它是使用一位校验位能够达到的最好的错误检测码，并且它只需一些异或门就能够生成，因此奇偶校验被广泛应用。

一位总线奇偶校验将总线扩展一位，利用该扩展位采用奇偶校验的方法发现错误。

多位总线奇偶检验将总线扩展两位或多位，利用这些扩展位采用奇偶校验的方法发现错误。

3. 代码安全、数据冗余和传输冗余

代码安全是通过利用数据冗余或传输冗余技术来防止输入或输出信息中偶然的或系统性的误差（或错误）的故障/错误控制技术。

数据冗余是同一数据贮存在不同数据文件中的方法，可通过重复贮存数据来防止数据丢失，或者对数据进行冗余性编码来防止数据丢失、错误，并提供对错误数据进行反变换得到原始数据的功能。

传输冗余是数据至少被传输两次，并对两次或多次传输的结果进行数据比较的数据错误检测控制方法。数据冗余传输可以在同一个传输通道中将同一数据先后传输两次或多次，也可在两个或多个传输通道中将同一数据同时传输两次或多次，并将两次或多次传输获得的数据进行比较，进而实现错误检测控制。传输冗余可以辨别出偶发错误。

4. 比较器

比较器是双通道结构中使用的一种故障/错误控制器件。双通道结构一般会对同一对象（数据或信号等）进行处理，通过两个通道输出两路数据，比较器可对这两路数据进行比较，并按预先设计的规则对比较的结果进行处理和响应。例如，比较器常见的对比较结果进行处理的方式如下：若两路数据相同，则认为系统工作正常（或数据输入和处理正确），执行两个通道的输出；若两路数据不相同，则认为系统工作异常（或数据输入和处理错误），此时它会向主控系统报系统异常或故障，进而进入故障处理流程（如重新进行两通道的输入、处理和输出比较，或者停止与安全相关的控制输出，进入故障状态并提醒用户进行故障处理）。

5. d.c.故障模式

d.c.故障模式是包含信号线间短路的一种黏着性故障模式。在被测设备中，可能的短路的数量较多，通常重点考虑信号线间的短路。确定一个逻辑信号电平，用于防止信号线试图驱动相反电平的情况发生。

6. 等价类测试

等价类测试又称为等价类划分测试，是一种测试用例设计方法。等价类划分是指在分析需求规格说明的基础上，把被测系统的输入域划分成若干部分，在每部分中选取代表性数据形成测试用例。每部分的代表性数据在测试中的作用等价于此部分中的其他值，即如果用该代表性数据发现了错误，那么用该部分的其他值也会发现错误；如果用该代表性数据没有发现错误，那么用该部分的其他值也不会发现错误，因此把该部分称为等价类。

一个被测系统的输入是无限的，测试者不可能遍历系统的所有输入，不可能进行全部测试。例如，某系统的合法输入值是[0,10]区间的实数，因为[0,10]区间有无穷多个实数，所以测试者不可能进行全部测试。但是被测系统往往存在这种现象：对某一集合中的所有可能输入、系统的响应是同一种形式，对另外一个集合中的所有可能输入、系统的响应又是另一种形式。等价类划分就基于这种思想，将导致系统响应一样的多个输入划分为一类，在这一类中找一个代表设计测试用例对系统进行测试。

等价类划分一般要经历如下步骤。

（1）划分有效等价类：对规格说明是有意义的、合理的输入数据构成的集合。

（2）划分无效等价类：对规格说明是无意义的、不合理的输入数据构成的集合。

（3）确定边界上的数据：将有效数据和无效数据边界上的数据形成一个等价类。

（4）极端值和它们的组合：将极端值和它们的组合形成一个等价类。

（5）为每个等价类定义一个唯一的编号。

（6）为每个等价类设计一组测试用例，确保覆盖相应的等价类。

等价类划分测试选择有限子集代表所有可能的输入全集。它需要将被测软件的输入和输出分成许多区域，对于一个区域中的任何值，软件的行为是等价的。等价类划分假设任何单一区域内的所有值具有相同的测试目的，因此，每个区域测试一个值。

对于使用软件的控制器，等价类划分测试是使用等价类划分的方法测试控制器能否对指令正确译码和执行的一种系统测试，其测试依据是控制器的 CPU 指令规格说明和控制器需求规格说明。

7. 错误识别装置

前面提到，错误识别装置是为识别系统内部错误而设计的独立装置，如监测装置、比较器和代码发生器。例如，对于某型热泵热水器，其软件控制中可通过温度和压力传感器检测并避免超温超压危险工况的发生；还设计有独立的压力接触开关，在超压且软件控制器失效的情况下，通过压力接触开关断开电源，避免压力继续上升。这个独立的压力接触开关就属于错误识别装置。

8. 汉明距离

汉明距离是以理查德·卫斯里·汉明的名字命名的，汉明在误差检测与校正码的基础性论文中首次引入这个概念。在通信中，汉明距离用来累计定长二进制字中发生翻转的错误数据位数，因此也被称为信号距离。汉明距离在图像处理领域也有广泛的应用，是比较二进制图像非常有效的手段。

在信息理论中，汉明距离表示两个等长字符串在对应位置上不同字符的数目，用 d(x,y) 表示字符串 x 和 y 之间的汉明距离。从另外一个方面看，汉明距离度量了通过替换字符的方式将字符串 x 变成 y 所需的最少替换次数。

对于二进制串 a 和 b，汉明距离等于 a xor b（xor 即异或运算）中 1 的数目，又称其为汉明权重。此时，计算汉明距离就转化为计算给定整数的二进制表示中 1 的个数，可通过反复查找并消除最低的非零 bit 位来实现。基于此，使用 C 语言实现的计算汉明距离的算法如下：

```c
int hamming_distance(unsigned x, unsigned y)
{
    int dist = 0;
    unsigned val = x ^ y;

    // 计算置位为1的位数
    while (val != 0)
    {
        // 若该位为1，则计数加1并清除该位
        dist++;
        val &= val - 1;
    }
    // 返回不同位的数量
    return dist;
}
```

9. 输入比较

输入比较是防止因输入数据或信号非法（或越界）而引起系统错误的有效故障/错误控制手段。大部分系统对其输入数据都有一定的范围限制，处理超范围的数据可能超出了系统的处理能力，也可能是无意义的。因此，好的系统设计（或软件设计）会对输入系统的数据的取值限制一个范围或区间，并将输入数据与这个范围进行比较，只处理范围内的数据，对超出范围的数据不进行处理（或同时给出错误报警处理）。

10. 内部错误侦测或纠正

内部错误侦测或纠正装置是控制器中用于检测或纠正错误的特殊电路装置。它整合用于检测错误或纠正错误的特殊电路。例如，家用电磁炉中的热熔断保护电路的工作原理是当系统中的电流过流一段时间（如 1min）且软件控制器控制失效时，可通过热熔断断开电源，避免险情进一步发展。

11．程序顺序监测

程序顺序监测即程序执行顺序监测，监测控制器中程序的执行顺序是否满足设计要求，且当程序执行顺序错误时进行纠错处理。控制器中的程序作为嵌入式软件程序，其运行一般都有固定的逻辑顺序和运行周期要求，在正常情况下，程序按设计的逻辑顺序和运行周期循环运行，实现系统的输入数据获取、数据处理、决策判断和输出控制功能。而当程序的执行逻辑顺序或周期运行频率出现错误时，就会导致软件错误的发生，进而导致软件功能失效。在极端的情况下，当安全相关功能失效时，将会导致安全事故的发生。程序顺序监测是监测和纠正程序的执行逻辑或周期运行频率错误的有效手段。

程序顺序监测可通过程序顺序的逻辑监测和频率监测实现。程序顺序的逻辑监测是监测程序执行逻辑顺序的错误控制措施，嵌入式软件大多都是顺序执行的，对于顺序执行的程序，可通过程序运行步骤累计与判定来判定和识别程序是否按系统设置执行。程序顺序的逻辑监测设计如图 1.2 所示。

频率监测是把控制器（或 MCU、CPU）的时钟频率与一个独立的固定频率相比较来监测控制器频率错误的故障监测手段，如与线路供电频率相比较。

前面提到，程序顺序的时隙监测是周期地触发基于独立时钟基准的计时装置而用于监测程序功能和顺序的一种故障/错误控制技术。看门狗定时器是一个程序顺序的时隙监测的例子。看门狗（WDT）从本质上来说就是一个定时器电路，一般有一个输入和一个输出，其中的输入叫作喂狗，输出一般连接到复位端。在整个系统运行以后启动看门狗的计数器，此时看门狗就开始自动计时，在 MCU 正常工作的时候，每隔一段时间输出一个信号到喂狗端，给看门狗电路清零，如果超过规定的时间不喂狗，则看门狗计数器会溢出，从而引起看门狗中断，会发出一个复位信号并送达 MCU，使 MCU 复位。看门狗就是利用了一个定时电路来监控主程序的运行的。在主程序的运行中，要在定时时间到达之前对定时器的计数进行清零。看门狗的作用就是防止程序无限制地运行，造成死循环。例如，它可以用于接收数据时接收超时的处理，也可用于发送数据时发送超时的处理。

12．多路平行输出

多路平行输出是为监测错误操作或提供给独立的比较器进行输出比较而设计的多个相互独立的输出。多路平行输出多存在于具有双通道或多通道结构的控制器中，每个通道都会对系统的输入分别进行处理和判断并给出独立的输出，对多个输出进行比较和判断，当出现偶发故障时，可以监测到故障/错误，即使在出现偶发故障的情况下，仍能给出正确合理的输出。例如，"二乘二取二"和"三取二"高可靠性结构设计就是以多路平行输出为基础的。

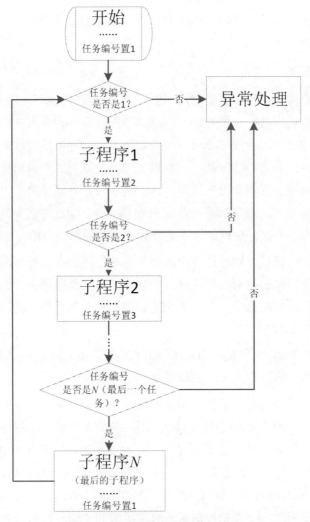

图 1.2　程序顺序的逻辑监测设计

13．输出验证

输出验证对输出与独立的输入进行比较。独立的输入可以是一个输出预计值，将输出与输出预计值进行比较，当两者不一致或差距较大时，可以监测到系统错误。此时，输出验证将有缺陷的输出与错误关联起来。输出验证也可以不将有缺陷的输出与错误进行关联，此时，独立的输入可以设置为其他状况。

14．似真性检查

似真性检查是软件控制器的差错、容错、改错处理设计，对程序执行、输入或输出进行检查，查看是否有错误的程序顺序、计时或数据错误。例如，对于程序的输入检查，可识别合法输入和非法输入，使程序只处理合法输入；对于程序的输出检查，可屏蔽错误的或不合理的输出，保证程序输出的正确性；在程序中设置看门狗可避免程序进入死循环；

在程序执行顺序错乱或遇到除零时，使程序进入故障处理状态，避免系统因带病运行而使被控家电进入不安全运行状态。

16．协议测试

协议测试是侦测内部通信协议错误的一种故障/错误控制技术。它在计算机各组成部件之间以内部通信协议的格式进行数据传递，检查通信的输入/输出端口、通信链路、通信格式等是否有错误。

对于使用软件的控制器，协议测试主要是针对控制器的板卡之间的通信协议的测试，家电控制器通信大多使用串口通信协议，如 RS232、RS422、RS485 等。在协议测试中，首先要对通信协议进行解析，分析每个字段代表的意义和被测软件对该字段的处理响应机制，从功能、边界、容错等角度设计测试用例，对软件进行测试；其次要考虑协议字段之间的关联关系，考虑字段之间的两两组合或三组合设计测试用例进行测试。

17．倒置比较

倒置是指相似数据的交换。倒置比较用在带有比较的双通道（相同的）结构中，对两个处理单元之间要交换的相似数据进行比较。两个通道中的相似数据大多是对同一数据源或信息采用同样的处理方式处理之后产生的，在正常情况下，两个通道产生的这些数据存在很小的偏差（甚至相同），进行比较能及时发现某个通道的异常，进而避免严重问题的发生。

18．冗余数据生成

冗余数据生成是指提供两个或多个独立的装置（如多个独立的代码生成器）来执行相同的任务。提供给这些装置的数据是完全一致的。

软件控制器的双通道或多通道是冗余数据产生的重要应用。首先通过双通道或多通道结构对同一个任务进行多路处理，然后对处理结果进行比较和判断，最后进行表决和输出，以保证控制的正确性和安全性。

19．冗余监测

冗余监测是指提供两个或多个独立的监测装置来执行同一监测任务。例如，采用两个或多个独立的看门狗装置对程序的异常执行进行监测，使用多个独立的温度传感器对电热类家电进行温度监测等。

20．预定的传输

预定的传输是一种事先定义好的通信信息传输机制，在此传输机制下，发送器只被允许在预先设定的时间点以预先设置的顺序发送信息，除此之外，接收器将按通信出错处理。例如，各种通信协议一般都有通信的时序要求，包括 RS232、RS422、RS485 串口通信和

CAN 总线通信等，通信的发送方和接收方只有按定义的时序要求发送或接收数据，才能实现有效通信。

21．软件差异性

软件差异性也可称为软件多样性，是指软件的全部或部分以不同的代码形式被装入贮存器中。所谓不同的代码形式，就是指实现相同的功能，但可以是由不同的程序员编写的、采用不同的编程语言实现的、由不同的编译器编译生成的代码。软件的不同形式的代码被装入两次，两次装入可保存在不同的硬件通道内（适用于具有双通道结构的控制器），也可保存在一个通道的不同贮存区域内。

22．黏着性故障模式

黏着性故障模式主要反映电路中某个信号线的不可控性，是指电路中某个信号线（输入或输出）的逻辑电平固定不变。在系统运行过程中，该信号永远固定在某一值上。在数字电路系统中，如果该信号固定在逻辑高电平上，则称为固定 1 故障（stuck-at-1），简写为 sa1；如果该信号固定在逻辑低电平上，则称为固定 0 故障（stuck-at-0），简写为 sa0。

黏着性故障在实际应用中用得非常普遍，因为电路中元件的损坏、连线的开路和相当一部分的短路故障都可用黏着性故障模式比较准确地描述出来，而且由于它的描述比较简单，因此处理故障也比较方便。以 TTL（Transistor-Transistor-Logic，晶体管-晶体管逻辑电路）门电路为例，输出管的对地短路故障属于 sa0 故障，而输出管的开路故障属于 sa1 故障。任何使输出固定为 1 的物理故障都属于 sa1 故障。

需要指出的是，sa1 和 sa0 都是针对电路的逻辑功能而言的，不能简单地理解为具体的物理故障。因此，sa1 故障决不单纯指节点与电源的短路故障，sa0 故障不单纯指节点与地之间的短路故障，而是指节点不可控，始终使节点上的逻辑电平停留在逻辑高电平或逻辑低电平上的各种物理故障的集合。

根据电路中黏着性故障的数目，可以把黏着性故障分为两大类：如果一个电路中只存在一个黏着性故障，则称为单黏着性故障；如果一个电路中有两个或两个以上的黏着性故障，则称为多黏着性故障。

23．受试监测

前面提到，受试监测是指通过诸如看门狗和比较器之类的独立装置，在控制器启动时或运行期间对其进行周期性的测试。看门狗可通过周期检测来判断程序是否正确执行，避免程序进入死循环或执行周期异常。

对于嵌入式控制软件，系统的上电自检和周期性自检就是受试监测的集中体现。好的嵌入式控制系统设计一般都具备上电自检和周期性自检功能，通过上电自检来保证系统在健康条件下进入工作状态，通过系统工作过程中的周期性自检来确认系统一直处于正常状态。

24．测试模式

测试模式用于测试控制器的输入装置、输出装置和用户界面等控制器接口，用以检测这些部件或接口的实际输出与预期输出是否一致，进而判断控制器是否存在工作异常。

对于嵌入式控制系统软件，好的系统设计要求系统可进行工作模式切换，典型的工作模式包括关机模式、正常工作模式、故障模式、测试模式等。系统运行时，可在这些模式之间切换，一般，系统上电自检正常后进入正常工作模式；在正常工作模式下检测到特定故障时进入故障模式；在进行人工排查故障或测试系统功能是否正常时，可由操作人员控制系统进入测试模式，在测试模式下，可对系统运行过程中产生的实际数据进行分析，以判断系统能否正常工作。

1.1.7 与使用软件的控制器的贮存测试相关的定义

【内容】

阿伯拉翰测试　Abraham test

阿伯拉翰测试是可变贮存器模式测试的一种特殊形式，在这种形式中，所有贮存器单元之间的固定和耦合错误都被标明。

GALPAT 贮存测试　GALPAT memory test

GALPAT 贮存测试是对已统一写入的贮存单元的某一区段中的某一单元进行反向写入，并检查受试的剩余贮存单元的一种故障/错误控制技术。每次在对该区段中的剩余单元之一进行读操作后，也检查并读被反向写入的单元。对受试的所有贮存单元，都要重复这个过程。按上述步骤在相同的贮存范围内执行第二次测试，但不向待测单元反向写入。

穿透式 GALPAT 测试　transparent GALPAT test

穿透式 GALPAT 测试是形成代表待测贮存器范围内容的第一特征字，并且贮存这个字的 GALPAT 贮存测试。对待测单元反向写入并按穿透式 GALPAT 测试步骤进行测试。这里不需要检查每个剩余的单元，而是形成第二特征字，并与第一特征字进行比较；把以前反向的数值反向写入待测单元，并按穿透式 GALPAT 测试步骤进行第二次测试。

修改的检查和　modified checksum

修改的检查和是产生并贮存代表贮存器中全部字内容的一个单字的一种故障/错误控制技术。在自检期间，从相同的算法中形成一个检查和，并与被贮存的检查和进行比较。

多重检查和　multiple checksum

多重检查和是产生并贮存代表待测贮存区域内容的一个独立字的一种故障/错误控制技术。在自检期间，用相同的算法对待测贮存区域形成一个检查和，并与为该区域的贮存的检查和进行比较。

单字的循环冗余检查　CRC-single word

单字的循环冗余检查是产生代表贮存器内容的一个单字的一种故障/错误控制技术。在自检期间，使用相同的算法产生另外一个特征字并与贮存的字相比较。

双字的循环冗余检查　CRC-double word

双字的循环冗余检查是产生代表贮存器内容的至少两个字的一种故障/错误控制技术。在自检期间，使用相同的算法产生相同数量的特征字并与贮存的字相比较。

带有比较的冗余贮存器　redundant memory with comparison

带有比较的冗余贮存器是把贮存器中有关安全的内容按不同格式在分离的区域贮存两次，以便可以比较二者的错误控制的一种结构。

静态贮存器测试　static memory test

静态贮存器测试是预定只检测静态错误的一种故障/错误控制技术。

方格贮存器测试　checkerboard memory test

方格贮存器测试是将"0"和"1"的方格模式写入被试贮存器区域，并成对地检测单元的一种静态贮存器测试。每对的第一个单元的地址是可变的，而第二个单元的地址是从第一个地址倒移一位得到的。在第一次检测中，可变地址首先被加 1 到贮存器地址空间的末端，然后减 1 到原来的值。按相反的方格模式重复本测试。

进程贮存器测试　marching memory test

进程贮存器测试是像正常操作一样，把数据写入被试贮存器区域的一种静态贮存器测试。该测试首先按上升次序测试每个单元，并对内容进行倒位；然后按下降次序重复测试和倒位。在第一次对所有被试贮存单元进行倒位后重复本过程。

走块式贮存器测试　walkpat memory test

走块式贮存器测试是像正常操作一样，把标准数据模式写入被试贮存器区域的一种故障/错误控制技术。该测试首先对第一个单元进行倒位，并检查剩余的贮存器区域；然后把第一个单元再次倒位并检查贮存器。对所有的被试贮存器单元重复本过程。对被试贮存器的所有单元进行倒位，且按上述过程进行第二次测试。

带有多位冗余的字保护　word protection with multiredundancy

带有多位冗余的字保护是被试贮存器区域中的每一个字产生冗余位数并贮存的一种故障/错误控制技术。当读每一个字时，进行奇偶校验。

带有一位冗余的字保护　word protection with single bit redundancy

带有一位冗余的字保护是把一位加到被试贮存器区域的每一个字上并贮存的一种故障/错误控制技术，产生的奇偶性或者为奇数或者为偶数。当读每一个字时，均进行奇偶校验。

【注释】

此部分说明了对于使用软件的控制器中的贮存器，检测和识别贮存器中错误与故障的各种算法，包括阿伯拉翰测试、GALPAT 贮存测试和穿透式 GALPAT 测试、修改的检查和、多重检查和、循环冗余检查（CRC 检查）、带有比较的冗余贮存器、静态贮存器测试、走块式贮存器测试、字保护。

1. 阿伯拉翰测试

阿伯拉翰测试是由美国学者 Jacob A Abraham 提出的一种可变贮存器（RAM）测试方法，可识别可变贮存器所有贮存单元的黏着性故障和耦合故障。

在阿伯拉翰测试中，执行整个贮存器测试需要的操作次数约为 $30n$ 次，其中 n 是贮存器中贮存单元的数目。当贮存器的贮存单元较多时，完成对整个贮存器的测试需要花费很长的时间。若在软件控制器中一次性完成整个贮存器的测试，则可能会耽误控制器的正常控制功能而不能实现。这样的一次性完整测试是不合适的，可采取的措施是将整个贮存器划分成若干片段，在软件控制器的运行周期中划分时间段，对贮存器的不同片段进行测试，进而在控制器的多个运行周期内完成对整个贮存器的测试。各运行周期中划分的时间段的长度要以不影响控制器正常工作为准，这样，在控制器正常控制功能实现的同时，在多个时间间隙内完成了对可变贮存器的阿伯拉翰测试。

2. GALPAT 贮存测试和穿透式 GALPAT 测试

GALPAT 贮存测试是一种可变贮存器测试方法，目标是检测静态位错误和动态耦合。

在可变贮存器的 GALPAT 测试中，选择的贮存范围首先被统一初始化（如都初始化成 0 或 1）；然后将要测试的第一个贮存单元反转，检查该贮存单元及所有其他单元，以保证它们的内容正确。在每次读取现有的单元中的一个时，同样要检查被反转的单元。在选取的贮存范围内对每个单元都重复这个过程。在第二次开始运行时，使用相反的初始化，如果出现了一个差异，则会产生一个错误信息。

GALPAT 贮存测试算法的实现过程：①对被测贮存区域的所有单元全部写 0；②从最低地址单元开始读取单元内容，若校验通过（读取内容为 0），则对该地址单元写 1，同时对其余所有单元进行读取并校验，校验通过后地址加 1，对下一单元进行相同的操作，重复至最高地址；③从最高地址读取单元内容，若校验通过（读取内容为 1），则对该地址单元写 0，同时对其余所有单元进行读取并校验，校验通过后，地址减 1，对下一单元进行相同的操作，重复至最低地址。

GALPAT 贮存测试是对整个可变贮存器的测试，其时间复杂度为 n^2（n 为贮存器贮存单元的数量），当贮存器较大时，需要花费很长的时间，导致软件控制器的开销较大，可能会影响控制器常规控制功能的实现。穿透式 GALPAT 测试方法就可以解决这个问题，其设计思想是把贮存器划分成若干区段,在不同的时间段内测试每个区段,这样可以在软件控制器的每个循环周期的空余时间完成对一个区段的测试。

穿透式 GALPAT 测试是 GALPAT 贮存测试的变体,并不初始化选取的贮存范围内的所有单元,而是保持现有的内容不做改变,并形成代表现有内容的签名进行保存。例如,首先选定将要测试的贮存范围,计算所有在范围内的现存单元的 S1 签名并将其贮存;然后将在范围内的所有单元进行反转且重新计算所有在范围内的现存单元的 S2 签名,将 S1 和 S2 进行比较。检测中的单元被再次反转,以重新建立原始内容,并且所有的现存单元的 S3 签名都被重新计算并与 S1 进行比较,如果出现了差异,则会产生一个错误信息。可选范围内的所有贮存单元以相同的方式进行测试。穿透式 GALPAT 测试可以识别所有静态位错误及贮存单元间界面的错误。

从本质上来说,可变贮存器测试算法有一个共同的特征,即首先将某一贮存单元写入某一数值,然后从该单元读取数值并与之前写入的数值进行比较,若两个值相同,则这一贮存单元通过测试;若不相同,则表示这一贮存单元有故障。对于可变贮存器测试的多种算法,它们的主要区别在于贮存器地址的存取顺序及写入检验的数值有差异。

3. 修改的检查和、多重检查和

检查和是可用于检测数据中可能产生的错误的一种技术。被检测的数据可以是通信数据,检测通信传输的数据是否在传输过程中被篡改;也可以是贮存器中贮存的数据,贮存器可以是只读贮存器或随机存取贮存器,可检测贮存器中的数据经过一定时间的贮存后,是否与原始数据不一致,进而检验贮存器是否存在故障。

修改的检查和是指将多个字累加求和并将结果贮存在一个单字中(若数据溢出,则是指将溢出部分丢弃所得到的单字)。在贮存器中,可将多个数据字和其计算得到的检查和一起贮存到贮存器中,在贮存器自检过程中,可读取这多个数据字并使用相同的计算方法计算出检查和,并与贮存器中贮存的检查和相比较,若相等,则说明贮存器正常;否则说明贮存器有故障。使用修改的检查和可识别所有的奇错误(奇数个数据位错误)和部分偶错误(偶数个数据位错误)。

多重检查和与修改的检查和类似,将待测贮存区域的所有数据计算出一个检查和并贮存在一个独立的字节串中。在贮存器自检过程中,使用相同的算法计算出贮存区域中所有数据的检查和并与之前贮存的检查和相比较,进而判断贮存区域是否存在故障。同样的道理,使用多重检查和可识别所有的奇错误和部分偶错误。

修改的检查和与多重检查和的计算方法、比较方法是一致的,区别在于,将待测贮存区域的所有数据计算出一个检查和,对这个检查和进行完整的保存和比较的是多重检查和,而将这个检查和只截取最后 16 位进行保存和比较的是修改的检查和。

4．循环冗余检查（CRC 检查）

CRC 检查又称为 CRC 校验。它是一类重要的线性分组码，其编码和解码方法简单，检错和纠错能力强，在通信领域广泛地用于实现差错控制。CRC 校验是利用除法及余数的原理来做错误侦测的。在通信领域的实际应用中，发送装置计算出数据的 CRC 值并随数据一同发送给接收装置，接收装置对收到的数据重新计算 CRC 值并与收到的 CRC 值相比较，若两个 CRC 值不同，则说明数据通信出现错误。同样，在贮存器的故障检测中，可计算所存数据的 CRC 值并随数据一同贮存在贮存器中，在从贮存器读取数据时，还使用同样的计算方法计算数据的 CRC 值并与贮存的 CRC 值进行比较，以识别所存数据是否被篡改，同时可检验贮存器是否存在故障。

CRC 校验存在多种计算方法，单字 CRC 校验也被称为 16 位 CRC 校验，双字 CRC 校验也被称为 32 位 CRC 校验，它们是计算 CRC 校验的两种重要算法。16 位 CRC 校验可识别所有 1 位错误和大部分多位错误，32 位 CRC 校验比 16 位 CRC 校验在识别 1 位错误和多位错误上的能力更强。

5．带有比较的冗余贮存器

带有比较的冗余贮存器是指将与安全相关的重要数据按不同的格式分别贮存在不同的两个贮存区域，以便将两个贮存区域的数据进行比较，进而识别数据中的错误，进行数据错误控制。在实际应用中，可读取两个贮存区域的数据并进行比较，若数据不同，则说明存在数据错误，不可采信和使用；若数据相同，则说明数据没有错误，可以采信和使用，进而保证安全相关功能的正确实现。

6．静态贮存器测试

静态贮存器测试是用于检测静态误差的故障/差错控制技术。静态贮存器测试的常用算法有方格算法和进程算法，分别称为方格贮存器测试和进程贮存器测试。

方格算法又称为棋盘算法。方格算法的测试过程是对每一个贮存单元赋值，使得每一个贮存单元与其紧相邻的各个贮存单元的值都不同；完成写入后，呈现出的结果是类似国际象棋棋盘的特殊格式。方格算法可以检测贮存器的黏着性故障和贮存器相邻贮存单元的桥接故障。

如图 1.3 所示，首先把整个贮存阵列分为 a、b 两部分，然后采用如下过程对 a、b 进行读写。

（1）对分块 a（b）中的单元写 0（1）。

（2）读所有单元。

（3）对分块 a（b）中的单元写 1（0）。

（4）读所有单元。

图 1.3 棋盘

对于如图 1.3 所示的 4×4 的棋盘，方格算法的执行方式如下。

（1）从起始位置开始，按照地址递增的顺序，第一行写入"0101"序列，第二行写入"1010"序列，第三行写入"0101"序列，第四行写入"1010"序列，形成相邻单元的值都不相同的棋盘格。

（2）从起始位置开始，按照地址递增的顺序，读出第一行的值"0101"序列，读出第二行的值"1010"序列，读出第三行的值"0101"序列，读出第四行的值"1010"序列。读出的值应该与写入的值相同，如果有不同，则认为发生了故障。

（3）从起始位置开始，按照地址递增的顺序，第一行写入"1010"序列，第二行写入"0101"序列，第三行写入"1010"序列，第四行写入"0101"序列，形成相邻贮存单元的值都不相同的棋盘格，这一步完成后，与第（1）步完成后形成的棋盘格完全相反。

（4）从起始位置开始，按照地址递增的顺序，读出第一行的值"1010"序列，读出第二行的值"0101"序列，读出第三行的值"1010"序列，读出第四行的值"0101"序列。读出的值应该与写入的值相同，如果有不同，则认为发生了故障。

进程算法是对贮存器的每个贮存单元依次进行检验的一种方法，从第一个贮存单元开始，逐个对每个贮存单元进行取反和检验，直到最后一个贮存单元的检测结束，完成一遍扫描。整个过程就像所有贮存单元一起向前走步一样，因此又称为"齐步法"。

进程算法的计算流程如下。

（1）将贮存器的所有贮存单元全部写入 0，首先从最低贮存单元地址 A_0 开始进行读 0、写 1、读 1 操作，并检验读出结果；然后按地址由低到高的顺序依次选下一个贮存单元重复该操作（读 0、写 1、读 1），直到贮存单元 A_{n-1} 重复完。

（2）对全部贮存单元进行正向扫描，读出全部贮存单元中的数据，并校验读出结果（应该全为 1）。

（3）从最高贮存单元地址 A_{n-1} 开始进行读 1、写 0、读 0 操作，并检验读出结果。

（4）按地址由高到低的顺序依次选下一贮存单元重复该操作（读 1、写 0、读 0），直到贮存单元 A_0 重复完。

用进程算法检测贮存区域，可使每个贮存单元都被访问，既能保证每个贮存单元都能贮存"1"和"0"数据，又能保证每个贮存单元都受到周围其他贮存单元的读"1"、读"0"和写"1"、写"0"的影响，因此，这种方法用来检验多重地址选择与译码器的故障，并且可以检测写入时噪声对贮存芯片特性的影响。它能保证正确的地址译码和每个贮存单元贮存"1"和"0"信息的能力。简言之，进程算法可用于检测全部的黏着性故障、地址译码故障和转换故障。

7. 走块式贮存器测试

走块式贮存器测试算法是一种贮存器故障/错误控制算法，可检查贮存器的所有地址解码错误和所有一位错误。

走块式贮存器测试算法的流程如下。

（1）先对所有贮存单元写 0，并读取所有贮存单元；其次对第一个贮存单元写 1，读取所有贮存单元并检验正确性，读完之后把第一个贮存单元写回 0；然后对第二个贮存单元写 1，读取所有贮存单元并检验正确性，读完之后把第二个贮存单元写回 0，继续用 1 走遍整个贮存单元。

（2）对所有贮存单元全写 1，以上述方式用 0 走遍整个贮存单元。

8. 字保护

字保护包括带有多位冗余的字保护和带有一位冗余的字保护。

带有多位冗余的字保护是对贮存区域的每个字产生多位冗余数据（多个 bit 位）并随该字一起贮存在贮存器中的错误控制措施。在读每个字时，都要进行奇偶校验。汉明码就是带有多位冗余的字保护的一种编码方法，可识别所有的一位和二位错误，以及一些三位或多位错误。

带有一位冗余的字保护是对贮存区域的每个字产生一位冗余数据（一个 bit 位）并随该字一起贮存在贮存器中的错误控制措施。在读每个字时，都要进行奇偶校验。奇检查和偶校验就是带有一位冗余的字保护的编码方法，可以识别所有的奇数位错误。

1.2 软件相关定义

1.2.1 软件术语的定义——总则

【内容】

共模错误　common mode error

共模错误是双通道或其他冗余结构中的错误，每个通道或结构同时以相同的方式受到影响。

共因错误　common cause error

共因错误是由单个事件导致的多项错误，且这多项错误之间没有因果关系。

失效模式和效果分析　failure modes and effects analysis;FMEA

失效模式和效果分析是识别与考核每一个硬件部件的失效模式的一种分析技术。

独立性　independent

独立性是指不受控制器数据流的不利影响，也不受其他控制器功能故障或共模效应的影响。

不可变贮存　invariable memory

不可变贮存是指在处理器系统内，含有在程序执行期间不预定用于改变的数据的贮存器范围。

可变贮存　variable memory

可变贮存是指在处理器系统内，含有在程序执行期间预定用于改变的数据的贮存器范围。

【注释】

本节主要讲述软件术语的相关定义，其中包括共模错误、共因错误、失效模式和效果分析、独立性、不可变贮存器和可变贮存器。

1. 共模错误

共模错误又可称为共模故障。共模错误是一种相依故障事件，由于空间、环境、设计及人为因素造成的失误等原因，使得故障事件不再被认为是独立的事件；由于组成系统的各个部件之间的相互作用，在它们中间发生的部件故障不再被认为是相互独立的了。共模错误在双通道或其他冗余结构中常发生。由于双通道或其他冗余结构的输入、通道和结构设计方法、输出等都存在非完全独立的方式，所以其中的结构、组件容易以同样的方式受到影响而失效。

2. 共因错误

共因错误在概念上是指单个事件导致的多项错误，且这多项错误之间没有因果关系。与共模错误的区别在于，共因错误指的是在一个系统内的两个或多个部分由于单一事件的原因同时产生了错误；而共模错误则是指在一个系统内的两个或多个部分同时以同种方式产生了同一种错误。

3. 失效模式和效果分析

失效模式和效果分析（FMEA）是检查尽可能多的组件与子系统以识别系统中潜在的失

效模式及其原因和结果的过程。对于每个组件,失效模式及其对系统其余部分的影响都记录在特定的 FMEA 工作表中。这种工作表有很多变体。FMEA 可以是定性分析,但当数学失效率模型与统计失效率比数据库结合使用时,可以作为定量分析的基础。它是最早用于失效分析的高度结构化的系统技术之一。它是由可靠性工程师在 20 世纪 50 年代后期开发的,用于研究军事系统故障可能引起的问题。FMEA 通常是系统可靠性研究的第一步。

目前存在几种不同类型的 FMEA,如功能性、设计、处理等。FMEA 是失效分析的归纳推理(前向逻辑)单点,并且是可靠性工程、安全工程和质量工程的核心任务。成功的 FMEA 活动可基于对类似产品和过程的经验,或者基于失效逻辑的通用物理原理,帮助识别潜在的失效模式。它在产品生命周期的各个阶段广泛用于开发和制造行业。有时 FMEA 会扩展到 FMECA(失效模式,影响和严重性分析)。FMECA 将根据对失效模式的分析,确定每种失效模式对产品工作的影响,找出单点故障,并按失效模式的严重度及其发生概率确定其危害性。效果分析是指研究这些失效在不同系统级别上的后果,需要功能分析作为确定功能 FMEA 或零件(硬件)FMEA 的所有系统级别的正确失效模式的输入。FMEA 用于基于失效(模式)效应严重性的降低,或者基于降低失效概率或两者的降低来降低风险的缓解结构。FMEA 原则上是完整的归纳(前向逻辑)分析,但是只有通过了解失效机理才能估计或降低失效概率。因此,FMEA 可以包括有关失效原因的信息(演绎分析),以通过消除已识别的(根本)原因来减小失效发生的可能性。

4.独立性

独立性指的是不受其他因素影响的能力,包括数据流的不利影响、控制器功能的不利影响和其他共模效应的不利影响。例如,双通道采用相同的输入方式,其独立性低于采用不同的输入方式的独立性;带有比较的双通道(相同的)的独立性低于带有比较的双通道(不同的)的独立性。

5.不可变贮存器

不可变贮存器是一种半导体贮存器,其特性是一旦贮存数据就无法将其改变或删除,且内容不会因为电源关闭而消失。在电子或计算机系统中,不可变贮存器通常用以贮存不需要经常变更的程序或数据。由于不可变贮存器中的数据是长期贮存的,对可靠性和安全性要求较高,所以对故障的监测要求也高。

对于不可变贮存器出现的所有一位故障,对应的可接受的措施有周期修改的检查和、多重检查和、带有一位冗余的字保护。若出现了 99.6%以上的信息错误覆盖率,则对应可接受的措施有进行冗余 CPU 的相互比较或独立硬件比较器的比较、带有比较的贮存器、单字或双字的周期循环冗余检查、带有多位冗余的字保护。

不可变贮存器可能包括在程序执行期间数据不改变的随机贮存器结构。

6. 可变贮存器

可变贮存器是在处理器系统内设置的在程序执行期间用来贮存改变的数据的贮存器。可变贮存器一般为易失性贮存器，不能长久地保存信息，贮存的内容会因为电源关闭而清除。

1.2.2 与功能安全相关的定义

【内容】

容错时间　fault tolerating time

容错时间是从故障发生到被控设备关闭、危险出现之前家电所能承受的时间。

故障响应时间　fault reaction time

故障响应时间是从故障发生到控制达到规定状态点的时间。

规定状态　defined state

规定状态是具备以下特征的控制的状态。

控制家电处于一种状态，在这种状态下，输出终端能确保在任何情况下都处于安全状态。当转换到规定状态的起因被解除时，家电应该按照适当的要求启动；或者在第 2 部分规定的时间内，控制系统主动执行保护动作来发起关机或防止进入不安全状态；或者控制器仍在运作，继续满足所有与安全有关的功能要求。

复杂电子组件　complex electronics

复杂电子组件是由具有下列特性的电子元件构成的组件。

（1）电子元件能提供一个以上的功能输出。

（2）失效模式比较复杂，不能简单地用固定型失效模式或针脚交叉连接的失效模式，或者其他简单失效模式进行描述。

重置　reset

使系统从安全状态重置进而重启的动作称为重置。

降级（性能）　degradation(of performance)

降级（性能）是指任何装置、设备或系统的运行性能与其预期性能的不期望的偏离。

危害　harm

危害是人身物理伤害或损害、财产或环境损害。

危险　hazard

危险是指潜在的伤害源。

风险　risk

风险是危害发生的概率和危害的严重程度的组合。

合理的可预见的误用　reasonably foreseeable misuse

合理的可预见的误用是指在某种情况或目的下，未按照供应商的预期使用产品、过程或服务，这可能是由于产品的设计与一般人的行为相结合造成的结果。

功能安全　functional safety

功能安全是与应用相关的安全，取决于安全相关控制功能的正常执行。

【注释】

本节主要讲述一些功能安全的相关定义，包括容错时间、故障响应时间、规定状态、复杂电子组件、重置、降级（性能）、危害、危险、风险、合理的可预见的误用及功能安全。

1．容错时间

容错时间指从设备出现故障到设备停止或出现危险的这段时间，控制器必须在这段时间内关闭或调整设备状态，以避免设备因故障而停止或出现危险。在出现故障后，控制器可以选择关闭被控设备，也可以采取其他能避免危险发生的措施。

2．故障响应时间

故障响应时间指的是从设备出现故障到设备经控制器调整到规定状态的时间。故障发生后，系统通过周期性自检或故障监测等方式发现故障，根据预先设置的程序启动安全措施，从而使家电达到预先规定的安全状态。

3．规定状态

规定状态是预先设置的安全状态，也可理解为紧急安全状态。规定状态通常在故障发生后，控制器调整设备直到达到一个安全状态。规定状态可以是以下3种之一。

（1）设备的输出终端能确保在任何情况下都处于安全状态，当故障的起因解除时，设备可以按照要求重启。例如，当设备输出的两路信号互斥时，如果输出都为1，则可能导致重大风险，系统监测到通道运行故障或输出故障后，可以设置两路输出持续为0，直到消除故障起因，重启设备。

（2）控制系统在容错时间内发出关机指令，关闭设备；或者控制系统执行保护动作，防止进入不安全状态。例如，当洗衣机监测到转速超出设计值时，可以发出关闭电源的指令，令洗衣机关机；或者锁定洗衣机的门锁开关，避免人员因误操作打开门锁而受到伤害。

（3）控制器继续运行操作，但应采取增加监测频率和启动安全操作等措施，从而满足所有与安全有关的功能要求。

4．复杂电子组件

复杂电子组件是由复杂的电子元件装配而成的，每个电子元件都具有一个以上的功能输出，其失效模式也较为复杂。

5. 重置

重置即复位，重新载入参数、重新初始化。重置往往是在设备出现故障而不能继续运行（如死机）后进行的，是从安全状态复位重新启动的操作。在设备上多会设计一个"RESET"按键，用来重启系统，重置按键一般隐藏在设备背面或侧面。

6. 降级（性能）

降级（性能）是指装置、设备或系统的运行性能偏离了预期的性能要求，在预期性能可接受的范围之外。降级可以是设备性能指标的下降，也可以是设备整体功能或局部功能的暂时性或永久性失效。

7. 危害

危害即危险灾害。危害能引起人员的伤害或对人员的健康造成负面影响。危害还可能对财产或环境造成损害。

8. 危险

危险是指危害的潜在根源，包括短时间内发生的对人员伤害的威胁或对财产环境损害的威胁（如着火或爆炸），以及长时间对人体健康有慢性影响的威胁（如有毒物质的释放）。

9. 风险

风险是发生伤害的不确定性。这种不确定性包括发生伤害与否的不确定和伤害严重程度的不确定。在对风险进行半定量分析时，会评估发生伤害的概率和伤害结果严重性等级，将出现伤害的概率乘以（或加）伤害结果严重性等级，即可得到风险的半定量评估值。

10. 合理的可预见的误用

人们在使用一个产品、过程或服务时，可能没有按照提供方预期的使用要求、条件和方式，从而导致危险，这就是合理的可预见的误用。这种误用多是由于产品的设计缺陷加上人的行为习惯导致的。

11. 功能安全

当安全系统满足以下条件时，就认为是功能安全的：任一随机故障、系统故障或共因失效都不会导致安全系统故障，从而引起人员的伤害或死亡、环境的破坏、设备财产的损失，即装置或控制系统的安全功能无论在正常情况下还是在有故障存在的情况下，都应该保证正常实施。

1.2.3 与软件类别相关的定义

【内容】

A 类软件   software A

A 类软件不用于决定被控设备安全的控制功能。

B 类软件   software B

B 类软件用来防止被控设备的不安全操作的控制功能。

C 类软件   software C

C 类软件用来预防特定危害（如被控设备爆炸）的控制功能。

【注释】

本节对控制器软件的不同类别进行了定义。控制器软件类别定义的主要依据是其安全控制功能所解决的风险或隐患，隐患的危害性越大，对应软件控制器的安全风险级别就越高，对软件控制器的安全技术要求也就越高。控制器软件类别的定义也是为后面分类介绍每类控制器所需的安全控制技术错误做好铺垫。

在对控制功能进行分类时，应考虑该功能对家电安全的作用。注意：控制功能包括从传感设备到处理电路（用到的硬件和软件）的整个回路，也包括执行驱动器。按照控制功能所解决的隐患的级别，将控制器软件分为 A 类、B 类、C 类 3 个类别。A 类的安全风险级别最低，C 类的安全风险级别最高。

1. A 类软件

A 类软件是不具有防止被控设备不安全操作控制功能的软件，即 A 类软件对安全控制功能没有需求。A 类软件也可称为安全无关软件，多用于家电的基本功能、性能调节，用来控制电器的正常使用，如空调的功能模式选择、房间恒温器、湿度控制器、照明控制器、定时器和计时开关。这类软件完成的控制功能不涉及安全方面，即使这些功能失效也不会导致安全风险，不会导致人身安全伤害和额外的财产损失。

2. B 类软件

B 类软件是用来防止被控设备不安全操作控制功能的软件。B 类软件是安全相关的软件，完成的控制功能与普通安全性相关，用于处理电器非正常工作，防止由于保护电子线路出现故障而使电器不安全动作。例如，控制器中的热断路器用来防止电器温度过高而产生电器损坏或自燃，洗衣机的门锁控制洗衣机在门打开时停止转动，防止衣物和水飞溅伤人。

3. C 类软件

C 类软件也是安全相关的软件。C 类软件用于预防和处理安全风险级别更高的特殊危险（如爆炸）。例如，燃烧器控制器和封闭的水加热系统用的热断路器，用来防止当保护电子线路出现故障时导致危害。C类软件完成的控制功能与特殊类型的安全相关，一般认为，C类软件用于高危险性的产品。

1.2.4　与数据交换相关的定义

【内容】

序列号　sequence number

序列号是消息的附加数据段包含的一个数字号，该数字号按照预定方式变化。

时间戳　time stamp

发送方把传输时间信息附加在消息上，此传输时间信息即时间戳。

源和目的标识符　source and destination identifier

源和目的标识符指分配给每个实体的标识符。

反馈信息　feed-back message

通过回传信道从接收端返回发送端的信息称为反馈信息。

标识过程　identification procedure

标识过程是构成与安全相关的应用程序的一部分的过程。

安全代码　safety code

安全代码是安全相关消息中包含的冗余数据，以允许通过安全相关传输功能检测到数据损坏。

密码技术　cryptographic techniques

密码技术是指将输入数据和作为参数的密钥经过算法计算得到的输出数据。

超时　time-out

超时是指两条消息间的延迟超过了约定允许的最长时间。

公用网络

在公用网络中，数据和信号不被限制在诸如家庭或特定地方的物理空间中。

【注释】

本节主要介绍一些数据交换相关的基本概念，如序列号、时间戳、源和目的标识符、反馈信息、标识过程、安全代码、密码技术、超时及公用网络。

1. 序列号

在数学上，序列是被排成一列的对象，序列中的每个元素不是在其他元素之前，就是在其他元素之后。相同的元素可以在序列中的不同位置出现多次，元素之间的顺序非常重要。元素的数量（可能是无限的）称为序列的长度。

序列号中的元素由数字或字符组成。序列号是一种标识号，是对象的唯一标识，如各种设备、计算机、软件等都有一个唯一的标识号。在家电软件控制器领域，序列号可应用在实时数据传输中。这里的序列号更多的是一种流水号，在发送消息的附加数据段中包含序列号，每发送一个消息，序列号加1，并附加到下一个消息的附加数据段中。由于安全原因，初始序列号常使用随机序列生成。这样，序列号可帮助信号接收器识别丢失或乱序的数据包。

2．时间戳

时间戳是发送方在发送消息时附加在消息上的当前准确时间，这样可以将发送的消息内容和当前的时间进行绑定。时间戳用一串字符或编码信息来表示时间信息。时间信息包括当前的日期和时间，其中时间可以精确到毫秒。在家电软件控制器领域，时间戳常用于各控制器之间的同步。

3．源和目的标识符

源和目的标识符可以由名称、数字或任意位的形式构成。此标识符用于控制器之间与安全相关的通信，通常情况下，该标识符会被默认添加到消息中，用于识别源和目的地的名称（标识）。

4．反馈信息

控制系统首先从发送端发送信息，传输到接收端，然后又把接收端处理的结果通过回传信道返送回发送端。发送端根据接收的反馈信息，可以对后续信息的再输出产生影响，起到制约的作用，以达到预定的目的。

5．标识过程

前面提到，标识过程是构成与安全相关的应用程序的一部分的过程。总体来说，标识过程可区分为两种类型。

双向标识过程：在回传信道可用的情况下，消息的发送方和接收方交换双方实体的标识符，从而可以提供额外的保证，即通信确实是在预期的双方之间进行的。

动态识别过程：发送方和接收方之间动态交换信息，包括接收方在收到发送方的信息后，进行修改和再次反馈给发送方。这样可以保证通信双方不仅声称拥有正确的身份，还能按照预期的方式行事。动态识别过程可用于安全相关通信过程中的信息传输。

6．安全代码

在安全相关消息中增加冗余数据，并且可以通过安全相关的传输功能和校验功能检查出由于传输错误导致的数据损坏或人为篡改导致的数据破坏。

7．密码技术

密码技术包括加密技术和解密技术。加密和解密的过程大致如下：首先，信息的发送方准备好要发送信息的原始形式，叫作明文；然后，对明文经过一系列变换后形成信息的另一种不能直接体现明文含义的形式，叫作密文。由明文转换为密文的过程叫作加密。加密时采用的一组规则或方法称为加密算法。接收方在收到密文后，把密文还原成明文，以获得信息的具体内容，这个过程叫作解密。解密时也要运用一系列与加密算法相对应的方法或规则，这种方法或规则叫作解密算法。在加密、解密过程中，由通信双方掌握的参数信息控制具体的加密和解密过程，这个参数叫作密钥。密钥分为加密密钥和解密密钥，分别用于加密过程和解密过程。在只知道输出数据而不知道密钥的情况下，不可能在合理（有限）时间内计算出输入数据。即使在知道输入数据的情况下，也不可能在有限（合理）时间内从输出数据中得到密钥。

8．超时

超时是指消息传送时，后一条消息未于前一条消息到达后的预定时间内到达，系统将会认为消息传送出现错误，并自动取消或停止消息的传送。

9．公用网络

公用网络是一种网络，任何人（公众）都可以访问，并可以通过它连接到其他网络或万维网。这与专用网络不同，在专用网络中，建立了限制和访问规则，以便将访问权限释放给选定的人员。由于公用网络几乎没有限制，因此，用户需要警惕访问时可能发生的安全风险。公用网络的示例包括但不限于互联网、Wi-Fi 网络、传输距离大于 10m 的蓝牙网络。

1.3 相关要求

1.3.1 资料要求

【内容】

（1）软件顺序文件。

（2）程序文件。

（3）软件故障分析。

（4）软件分类和结构。

（5）分析方法和采用的故障/错误控制技术。

（6）B 类或 C 类软件控制器的软件故障/错误发现时间。

（7）在发生故障/错误的情况下控制器的响应。

【注释】

本节说明使用软件的控制器在研发过程中要形成的文件资料，重点说明与安全相关的软件控制器（B 类和 C 类软件控制器）要形成的文档的技术资料，包括软件顺序文件、程序文件、软件故障分析、软件分类和结构、分析方法和采用的故障/错误控制技术、B 类或 C 类软件控制器的软件故障/错误发现时间、在发生故障/错误的情况下控制器的响应。

对于使用 A 类软件的控制器，上述这些资料只需提供软件分类和结构，其他可不提供。对于使用 B 类或 C 类软件的控制器，需要提供软件中与安全有关的区段的资料，同时，要充分建立与安全无关的区段的资料，以便说明其不影响与安全有关的区段。

控制器中的软件按照功能分为两部分：安全性相关部分和安全性无关部分。安全性相关部分是指在控制器软件中采用的与安全措施有关的软件代码和相关数据，如系统开机自检代码、周期性检测代码等。安全性无关部分是指在控制器软件中与安全性无关的软件代码和数据，如功能实现代码、初始化代码等。

将软件中的安全性相关部分与其他部分区分开，具体包括：①设计手册应区分开，便于将安全性相关部分的设计手册提供给第三方检测机构进行分析检测；②代码应区分开，安全性相关部分的代码应集中在一起或进行标记（如集中定义在一个或几个文件中，不能和安全性无关部分的代码混在一起，防止由于这些代码的更改影响安全性相关部分的代码）；③数据贮存要分开，在控制器软件中，安全性相关部分的数据应和其他数据分开贮存，确保安全性无关部分的更改不影响安全性相关部分的数据。

在所要求的资料文件中，包含的其他资料如下。

（1）功能规范，包括断电后重新启动的过程。

（2）模块设计，包括设备界面的描述和用户界面的描述。

（3）详细设计，包括贮存器使用的描述。

（4）代码列表，包括编程语言表示法、注释和子程序表。

（5）试验规范。

（6）安装使用和/或维护手册。

1．软件顺序文件

软件顺序文件是将软件顺序和操作顺序文件化，形成与软件的操作、运行顺序或逻辑相关的文件，可包括软件功能规范文档、软件的结构设计文档、软件模块设计文档、软件安装使用手册、软件维护手册等文档。

这些文档主要应描述软件实现的功能、性能，软件的输入过程、分析计算处理过程、输出过程，控制系统特征、控制流、数据流和计时等。

尤其对于软件中与安全相关的数据和软件区段，要重点说明和详细描述。要标识出那些出现故障就会导致不符合要求的与安全相关的数据和软件区段。应识别出标准中表 H.11.12.7 中那些导致不符合要求的故障/错误。另外，软件故障分析还应与标准的 H.27 章的硬件故障分析相联系。

规定的故障检测方法是从标准的 H.11.12.2 至 H.11.12.7 的要求中选取的。

2．程序文件

软件的程序文件主要是指软件结构设计文档、软件模块设计文档、软件源代码说明文件等，主要说明软件源代码的整体运行逻辑构架、软件中每个模块（单元）的运行逻辑和过程，以及软件源代码中的程序表、注释、各个模块的功能说明、各模块的输入/输出、代码中关键全局变量的意义等。编程语言应在厂商规定的编程设计语言中选择。

3．软件故障分析

软件故障分析文档是指对于使用软件的控制器，软件应能识别或检测出控制器中 MCU 和其他硬件之中可能存在的故障，并且在故障发生时，能控制系统进入安全状态。此处所说的软件故障分析就是指软件故障检测识别设计和实现方法，以及故障处理响应过程和方法。

4．软件分类和结构

软件分类是指软件按照其控制功能可以分为 A 类、B 类、C 类。

A 类软件用于功能、性能调节，用来控制电器的正常使用，如空调器的功能选择、房间恒温器、湿度控制器、照明控制器、定时器和计时开关。这类软件不属于安全相关，因此该类软件不需要进行软件评估。

B 类软件是安全相关的软件，用于处理电器非正常工作故障，防止当保护电子线路出现故障时导致电器不安全动作，如洗衣设备的热断路器和门锁等。

C 类软件也是安全相关的软件，用于处理特殊危险（如爆炸）情况，防止当保护电子线路出现故障时导致危害，如自动燃烧器控制器和封闭的水加热系统用的热断路器。

5．分析方法和采用的故障/错误控制技术

分析方法和采用的故障/错误控制技术是指对于使用 B 类或 C 类软件的控制器，制造商为满足标准的 H.11.12.2 至 H.11.12.7 中有关故障/错误控制的要求而采取的故障/错误分析识别措施和故障/错误控制处理技术。

6．B 类或 C 类软件控制器的软件故障/错误发现时间

对于使用 B 类或 C 类软件的控制器，当被控家电运行中发生故障/错误时，不仅要求软

件控制器能发现这些故障并进行相应的处理，还要求它能在足够短的时间内发现这些故障/错误，这就有了故障/错误发现时间的要求。简言之，故障/错误发现时间是指从被控家电故障/错误发生到软件控制器采取对应的控制措施启动的时间。软件故障/错误发现时间可标识为具体软件区段执行的时间。

对于使用 B 类或 C 类软件的控制器，故障/错误发现时间的长短要根据故障的危害程度和控制家电故障恶化、使家电运行进入安全状态所耗费的时间而定。故障的危害程度越高，控制家电进入安全状态所耗费的时间越长，故障/错误发现时间就要越短。例如，对于热泵热水器，当管道中的热传导媒介的温度或压力过高时，就会导致管道爆裂甚至爆炸，对此，软件控制器就需要能及时发现温度或压力过高的故障，并能及时降低热传导媒介的温度或压力，使之进入安全状态。

7. 在发生故障/错误的情况下控制器的响应

在发生故障/错误的情况下控制器的响应是指对于使用 B 类或 C 类软件的控制器，当家电运行过程中发生故障/错误时，控制器采取的故障/错误消除措施或使家电进入安全状态的措施。例如，对于电磁炉的炉面温度保护控制，就需要控制器实时监测炉面温度，当温度过高时，停止加热或进行断电保护，这里的停止加热或断电保护就是电磁炉控制器在发现故障/错误的情况下的响应。

1.3.2 控制器的结构要求

【内容】

B 类或 C 类软件功能的控制器应采取措施，以避免并控制如 H.11.12.2 到 H.11.12.3 所详述的安全有关的数据和软件区段中的与软件有关的故障/错误。

具有规定为 C 类软件功能的控制器应具有下述结构之一。

（1）带有周期性自检和监测的单通道。

（2）带有比较的双通道（相同的）。

（3）带有比较的双通道（不同的）。

具有规定为 B 类软件功能的控制器应具有下述结构之一。

（1）带有功能测试的单通道。

（2）带有周期性自检的单通道。

（3）无比较的双通道。

【注释】

本节对控制器的结构要求进行讲解，使用软件的控制器的结构应使得软件不影响控制器符合 H.11.12 部分的要求，该部分的要求对使用按功能分类为 A 类软件的控制器不做要求。故本节对 B 类和 C 类软件功能的控制器的结构要求进行讲解。

1．C 类软件功能的控制器的结构要求

前面已经介绍了 C 类软件功能的控制器应有的结构，即带有周期性自检和监测的单通道、带有比较的双通道（相同的）或带有比较的双通道（不同的）。若 C 类软件功能的控制器使用了双通道结构，则双通道结构之间的比较可通过使用比较器或通道之间的互相比较实现。

2．B 类软件功能的控制器的结构要求

前面已经介绍了 B 类软件功能的控制器应有的结构，即带有功能测试的单通道、带有周期性自检的单通道、无比较的双通道。B 类软件功能的控制器除了可选用这 3 种结构，还可以选用 C 类软件功能的控制器要求的结构，即若 B 类软件功能的控制器使用了满足 C 类软件功能的控制器要求的 3 种结构之一，那么也是满足要求的。

3．其他结构

如果控制器的结构使用了上述 6 种结构之外的其他结构，但是家电制造商能提供证据表明采用的其他控制器结构具有与上述结构等效的安全水平，则可以认为该控制器的结构是允许的。

1.3.3 故障/错误的控制措施

【内容】

当在相同组件的两区域上提供具有比较的冗余贮存器时，其中一个区域内的数据的贮存方式应与另一区域内的数据的贮存方式不同。

具有规定为 C 类软件的功能、使用有比较的双通道结构的控制器，对于任何不能通过比较监测的故障/错误，应有附加的故障/错误监测措施。

对于非 A 类软件功能的控制器，应提供装置用于确认并控制在传输到外部与安全有关的数据通道中的误差。这种装置应考虑数据、地址、传输定时和约定次序。

【注释】

本节对 B 类或 C 类软件功能的控制器的部分控制故障/错误的措施进行了约束和要求，包括对具有比较的冗余贮存器的要求、C 类软件双通道结构控制器比较监测的要求和安全相关数据外部通信要求。

1．具有比较的冗余贮存器的要求

对于使用软件的控制器中的安全相关数据，要求进行冗余贮存，即同一份数据应在两个以上区域中贮存，并在使用这些安全相关数据之前，通过对不同贮存区域的数据进行比较来判断数据是否被篡改或损坏，这就是具有比较的冗余贮存器。

同时，要求在进行冗余贮存时，两个贮存区域应使用不同的数据贮存方式。软件的多样性是冗余贮存器的一个实现实例。

软件的多样性是软件容错技术的一种，目的是提高软件的安全性，利用软件冗余实现。一般的软件冗余方式包括软件实现冗余（多版本软件）、软件贮存冗余两种。

软件实现冗余指系统中存在多个功能相同的软件模块，当其中部分模块出错时，其功能由其他模块实现。它的主要实现方式是由不同的程序员、不同的语言或不同的编译器开发出不同版本的全部或部分软件代码来完成一样的功能。常用的软件实现冗余方法如下。

（1）多版本技术。

多版本技术的基本思想是设计 N 个功能完全相同的不同程序模块，以及一个用于管理的表决模块。在具有相同输入的条件下，将 N 个模块产生的输出送入表决模块。根据表决规则，当 N 个输出中有 M 个相同时［通常情况下，N 为奇数，$M=(N+1)/2$］，认为模块的执行结果正确；否则认为模块的执行结果错误。多版本技术的原理如图 1.4 所示。

（2）恢复块技术。

恢复块技术的工作过程就是运行一个程序块后，通过某些准则对结果进行测试，若结果正确，则予以接收；若结果不正确，则启动备用程序块，同样对结果进行接收测试；若还不正确，就启动下一个备用程序块，直到备用程序块全部使用完。在所有的备用程序块中，只要有一个能通过测试，程序就继续运行下一部分，否则系统报警。恢复块技术的原理如图 1.5 所示。

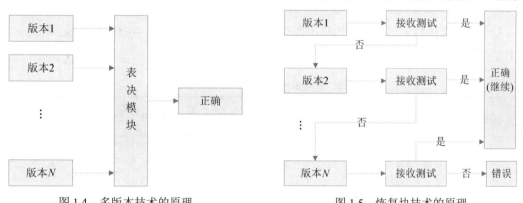

图 1.4　多版本技术的原理　　　　图 1.5　恢复块技术的原理

软件贮存冗余是指不同版本的软件代码可以保存在不同的贮存器或同一贮存器的不同区域中，以空间冗余的方式实现容错。

2．C 类软件双通道结构控制器比较监测的要求

对于具有规定为 C 类软件的功能、使用有比较的双通道结构的控制器，识别其中可能具有的故障/错误，采用比较的方式监测运行结果以发现其中的故障。若不能用比较的方式来监测故障，则需要附加额外的故障/错误监测措施，如周期性功能测试、周期性自检或独立监测。

3. 安全相关数据外部通信要求

前面提到，对于具有 B 类或 C 类软件功能的控制器，应提供装置用于确认并控制在传输到外部与安全相关的数据通道中的误差。这种装置应考虑到数据、地址、传输定时和约定次序。

安全相关数据在进行外部传输时，要使用相关措施识别和控制可能存在的误差或数据篡改，以保障安全相关数据传输的完整性、正确性。

外部传输可能发生的错误包括数据错误、寻址错误、传输定时错误和传输协议中的数据顺序错误等。对于数据错误，可使用带有一位或多位冗余的字保护、冗余传输、CRC 校验等方法来识别和检测；对于寻址错误，可使用寻址测试方法监测；对于传输定时错误，可使用定时测试、预定的传输或逻辑监测的方法监测。

1.3.4 控制器安全相关部件的常见故障及检测处理措施

由于部件或程序中存在不相同或有差异的故障或错误，因此，子部件或程序可接受的故障检测方法也有所不同。标准条款详细介绍了各个部件或程序的典型故障/错误，以及对应的可接受措施。

【内容】

对于具有 B 类或 C 类软件功能的控制器，制造商应在控制器内提供措施，用于解决表 1.3 中指出的与安全有关的区段和数据中的故障/错误。

除了表 1.3 中规定的措施，如果可以证明其他措施满足表 1.3 中列出的要求，则允许采取其他措施。

表 1.3 处理故障（错误）的可接受措施

组件	故障/错误	软件分类 B	软件分类 C	可接受的措施
1. CPU 1.1 寄存器	黏着性故障	rq	—	功能测试或用下述之一进行周期性自检： ①静态贮存器测试 ②带有一位冗余的字保护
	DC 故障	—	rq	(1) 由下述之一进行冗余 CPU 的比较： ①相互比较 ②独立硬件比较器 (2) 内部错误发现 (3) 带有比较的冗余贮存器 (4) 使用下述之一进行周期性自检： ①走块式贮存器测试 ②阿伯拉翰测试 ③穿透式 GALPAT 测试 (5) 带有多位冗余的字保护 (6) 静态贮存器测试和带有一位冗余的字保护

续表

组件	故障/错误	软件分类 B	软件分类 C	可接受的措施
1.2 指令、译码与执行	错误译码和执行	—	rq	(1) 由下述之一进行冗余 CPU 的比较： ①相互比较 ②独立硬件比较器 (2) 内部错误发现 (3) 使用等价性等级测试的周期性自检
1.3 程序计数器	黏着性故障	rq	—	(1) 功能测试 (2) 周期性自检 (3) 独立时隙监测 (4) 程序顺序的逻辑监测
1.3 程序计数器	DC 故障	—	rq	(1) 使用下述之一进行周期性自检和监测： ①独立时隙和逻辑监测 ②内部错误发现 (2) 由下述之一进行冗余功能通道的比较： ①相互比较 ②独立硬件比较器
1.4 寻址	DC 故障	—	rq	(1) 由下述之一进行冗余 CPU 的比较： ①相互比较 ②独立硬件比较器 (2) 内部错误发现 (3) 使用地址线的试验形式的周期性自检 (4) 全总线冗余 (5) 多位总线奇偶校验
1.5 数据路径和指令译码	DC 故障	—	rq	(1) 由下述之一进行冗余 CPU 的比较： ①相互比较 ②独立硬件比较器 (2) 内部错误发现 (3) 使用试验形式的周期性自检 (4) 数据冗余 (5) 多位总线奇偶校验
2. 中断处理与执行	无中断或太频繁中断	rq	—	(1) 功能测试 (2) 时隙监测
2. 中断处理与执行	无中断或与不同源有关的太频繁中断	—	rq	(1) 由下述之一进行冗余功能通道的比较： ①相互比较 ②独立硬件比较器 (2) 独立时隙和逻辑监测

续表

组件	故障/错误	软件分类 B	软件分类 C	可接受的措施
3. Clock 时钟	错误频率（对于石英同步时钟：只限于谐波/次谐波）	rq	—	(1) 频率监测 (2) 时隙监测
		—	rq	(1) 频率监测 (2) 时隙监测 (3) 由下述之一进行冗余功能通道的比较： ①相互比较 ②独立硬件比较器
4. 贮存器 4.1 不可变贮存器	所有一位故障	rq	—	(1) 周期修改的检查和 (2) 多重检查和或带有一位冗余的字保护
	所有信息错误的 99.6%覆盖率	—	rq	(1) 由下述之一进行冗余 CPU 的比较： ①相互比较 ②独立硬件比较器 (2) 带有比较的冗余贮存器 (3) 周期循环冗余检查： ①单字 ②双字 (4) 带有多位冗余的字保护
4.2 可变贮存器	DC 故障	rq	—	(1) 周期静态贮存器测试 (2) 带有一位冗余的字保护
	DC 故障和动态耦合故障	—	rq	(1) 由下述之一进行冗余 CPU 的比较： ①相互比较 ②独立硬件比较器 (2) 具有比较的冗余贮存器 (3) 用下述之一进行周期性自检： ①走块式贮存器测试 ②阿伯拉翰测试 ③穿透式 GALPAT 测试 (4) 带有多位冗余的字保护
4.3 寻址（与可变和不可变贮存器相关的）	黏着性故障	rq	—	带有包括地址的一位奇偶校验的字保护
	DC 故障	—	rq	(1) 由下述之一进行冗余 CPU 的比较： ①相互比较 ②独立硬件比较器 (2) 全总线冗余 (3) 测试模式 (4) 周期循环冗余检查： ①单字 ②双字 (5) 带有包括地址的多位冗余的字保护

续表

组件	故障/错误	软件分类 B	软件分类 C	可接受的措施
5. 内部数据路径 5.1 数据	黏着性故障	rq	—	带有一位冗余的字保护
	DC 故障	—	rq	（1）由下述之一进行冗余 CPU 的比较： ①相互比较 ②独立硬件比较器 （2）带有包括地址的多位冗余的字保护 （3）数据冗余 （4）测试模式 （5）协议测试
5.2 寻址	错误地址	rq	—	带有包括地址的一位冗余的字保护
	错误地址和多次寻址	—	rq	（1）由下述之一进行冗余 CPU 的比较： ①相互比较 ②独立硬件比较器 （2）带有包括地址的多位冗余的字保护 （3）全总线冗余 （4）包括地址的测试模式
6 外部通信 6.1 数据	汉明距离 3	rq	—	（1）带有多位冗余的字保护 （2）CRC-单字 （3）传输冗余 （4）协议测试
	汉明距离 4	—	rq	（1）CRC-双字 （2）数据冗余 （3）由下述之一进行冗余功能通道的比较： ①相互比较 ②独立硬件比较器
6.2 寻址	错误地址	rq	—	（1）带有包括地址的多位冗余的字保护 （2）包括地址的 CRC-单字 （3）传输冗余 （4）协议测试
	错误地址和多次寻址	—	rq	（1）包括地址的 GRC-双字 （2）数据和地址的全总线冗余 （3）由下述之一进行冗余通信通道的比较： ①相互比较 ②独立硬件比较器
6.3 计时		rq	—	（1）时隙监测 （2）预定的传输
	错误的时间指针	—	rq	（1）时隙和逻辑监测 （2）由下述之一进行冗余通信通道的比较： ①相互比较 ②独立硬件比较器

续表

组件	故障/错误	软件分类 B	软件分类 C	可接受的措施
6.3 计时	错误序列	rq	—	(1) 逻辑监测 (2) 时隙监测 (3) 预定的传输
		—	rq	与"错误的时间指针"的可接受的措施相同
7. 外围 I/O 7.1 数字 I/O	表 H.27 中规定的故障条件	rq	—	似真性检查
		—	rq	(1) 由下述之一进行冗余 CPU 的比较： ①相互比较 ②独立硬件比较器 (2) 输入比较 (3) 多路平行输出 (4) 输出验证 (5) 测试模式 (6) 代码安全
7.2 模拟 I/O 7.2.1 A/D 和 D/A 转换器	表 H.27 中规定的故障条件	rq	—	似真性检查
		—	rq	(1) 由下述之一进行冗余 CPU 比较： ①相互比较 ②独立硬件比较器 (2) 输入比较 (3) 多路平行输出 (4) 输出检验 (5) 测试模式
7.2.2 模拟多重通道	错误寻址	rq	—	似真性检查
		—	rq	(1) 由下述之一进行冗余 CPU 的比较： ①相互比较 ②独立硬件比较器 (2) 输入比较 (3) 测试模式
8 监测装置和比较器	静态和动态功能规范外的任何输出	—	rq	(1) 受试监测 (2) 冗余监测和比较 (3) 错误确认装置
9 常规集成块，如 ASIC、GAL、门阵列	静态和动态功能规范外的任何输出	rq	—	周期性自检
		—	rq	(1) 周期性自检和检测 (2) 带有比较的双通道（不同的） (3) 错误确认装置

注：CPU 代表中央处理器。
　　rq 代表指明的软件分类所需的故障范围。
　a. 根据 H. 11. 12 至 H. 11. 12. 2. 12 的要求，表 H.1 适用。
　b. 对于故障/错误评定，某些组件被分为其子功能。
　c. 在本表中的每一个子项中，C 类软件的故障处理措施可满足 B 类软件故障/错误的处理要求。
　d. 的确存在一些比所列措施更优秀的可接受的故障处理措施。
　e. 对一种子功能给定多于一种的措施，这些措施是可供选择的。
　f. 必须由制造商划分子功能。

【注释】

本节主要介绍了控制器安全相关部件的常见故障及检测处理措施。

控制器安全相关部件的常见故障包括 CPU 故障、中断处理与执行故障、Clock 时钟故障、贮存器故障、内部数据路径故障、外部通信故障、输入/输出外围故障、监测装置和比较器故障、常规集成块故障等。有关各种故障的分析说明,详见"22 控制器安全相关部件的常见故障及故障检测设计"。

对于控制器安全相关部件的常见故障,GB 14536.1—2008 给出了检测、识别及处理故障的可选方法和措施。有关这些方法和措施的详细描述,可见"22 控制器安全相关部件的常见故障及故障检测设计"。

1.3.5 其他故障/错误的控制措施

【内容】

软件故障/错误发现不应迟于资料要求中的"B 类或 C 类软件控制器的软件故障/错误发现时间"。规定时间的可接受性在控制器的故障分析期间评价。

对于具有非 A 类软件功能的控制器,故障/错误的发现应引起资料要求中的"在发生故障/错误的情况下控制器的响应"。对于具有 C 类软件功能的控制器,应提供能执行这种响应的独立措施。

在使用具有 C 类软件功能的双通道结构的控制器中,双通道能力的损失被认为是一个错误。

软件应和操作顺序及相关硬件功能的有关部件相关联。

如果贮存器的贮存位置使用标签,那么这些标签应该是唯一的。

软件应提供保护措施,以避免使用者修改与安全有关的区段和数据。

软件及其控制的安全相关硬件应被启动到资料要求中的"软件顺序文件"指出的状态,也应被终止到指定的状态。

【注释】

本节对规定为 B 类或 C 类软件功能的控制器规定了其故障/错误发现时间要求、故障时的响应、C 类控制器双通道要求、控制器软件与操作顺序和硬件的关联性要求、贮存器标签要求、安全相关区段和数据的保护、启动和终止状态要求等。

1. 故障/错误发现时间要求

软件故障/错误发现时间不应迟于在资料文件中要求的"B 类或 C 类软件的控制器的软件故障/错误发现时间"。在进行软件控制器的标准符合性检测时,应检测实际的软件故障/

错误发现时间,若它小于或等于规定的故障/错误发现时间,则满足标准要求;若大于规定的故障/错误发现时间,则不满足标准要求。

应该在控制器的故障分析期间评价定义的软件故障/错误发现时间的合理性。家电制造商应提供证据表明进行了软件故障/错误发现时间的合理性判断;当相应的家电有标准时,应满足标准中的相关要求。

2. 故障时的响应

对于具有 B 类或 C 类软件功能的控制器,当故障/错误发生时,应引起家电制造商所声明的规定的控制器响应。规定的控制器响应是当家电运行过程中发生故障/错误时,控制器所采取的故障/错误消除措施或使家电进入安全运行状态的措施。另外,规定的控制器响应的有效性也需要在故障分析期间进行评价;当相应的家电有标准时,应满足标准中的相关要求。

在进行软件控制器的标准符合性检测时,应在软件控制器运行中模拟故障的发生,检测在故障发生时,是否能引起家电制造商所声明的控制器响应,若能引起,则满足标准要求;若不能引起,则不满足标准要求。

对于具有 C 类软件功能的控制器,应提供能执行控制器响应的独立措施。

3. C 类控制器双通道要求

前面提到,对于使用具有 C 类软件功能的控制器,可使用的控制器结构包括带有周期性自检和监测的单通道、带有比较的双通道(相同的)、带有比较的双通道(不同的)。当使用双通道结构时,软件控制器应当具备实时监测或周期监测两个通道是否正常运行的能力,当一个通道出现故障而不能正常工作时,应立即给出对应措施,控制家电进入安全运行状态。不应出现两个通道都出现故障的情况。

对于具有 C 类软件功能的双通道结构控制器,在进行软件控制器的标准符合性检测时,应在软件控制器运行中模拟一个通道发生故障而停止工作,检查软件控制器能否发现该故障并做出相应的处理。若能发现该故障并做出相应的处理,则满足标准要求;否则不满足标准要求。

4. 控制器软件与操作顺序和硬件的关联性要求

控制器软件定义的功能应在控制器的实际功能中得到体现,主要目的是防止虽然有控制器软件,但是相关功能设计还是完全依靠硬件来实现的情况发生。软件在控制器中的功能主要通过两点来体现:①在控制器的操作顺序中应能体现软件功能;②软件功能的具体实现应该是由控制器软件驱动相关硬件来完成的,而不是完全依靠硬件来完成的,需要家电制造商提供证据表明已经做到了这些。

5. 贮存器标签要求

要求制造商生产的贮存器应该可以被划分为多个贮存器，而且每个贮存器所在的贮存器地址是唯一的。为了让用户能够方便地使用这些贮存器，而不需要记忆每个贮存器具体的物理地址，引入标签这个概念。需要为每个贮存器定义一个唯一的标签，因为两个不同的贮存器不可能使用同一个地址，每个标签代表着一个贮存器，应具有唯一性。

6. 安全相关区段和数据的保护

安全相关区段和数据是指与采用的安全措施相关的软件区段和数据，这要求应对安全相关的软件区段和数据采取保护措施，以防止程序中的错误修改或被使用者错误修改。

采取的保护措施包括对贮存空间进行地址划分、使用访问键进行控制、采用硬件保护方法。

（1）对贮存空间进行地址划分。

把安全相关的数据和代码固定贮存在一个空间，而将用户应用程序贮存在另外一个空间。例如，将安全相关的数据贮存在地址区间 a 内，其余地址贮存用户应用程序。当用户应用程序访问数据时，首先判断访问的绝对地址是否在地址区间 a 内，如果在，则禁止其访问。

（2）使用访问键进行控制。

将安全相关的软件区段和数据使用的贮存空间按一定规则（如大小）进行分组，并为每一组分配一个键，称为贮存键。程序或使用者为了访问该贮存器区域，必须有钥匙，称为访问键。访问键赋予每道程序，并保存在该道程序的状态寄存器中。当数据要写入贮存器的某一组时，访问键要与贮存键相比较，若两键相符，则允许访问该组；否则拒绝访问。

如图 1.6 所示，贮存器内共有 5 组 A、B、C、D、E，贮存键分别为 5、0、7、5、7。系统的访问键为 0，允许它访问这 5 组中任何 1 组。如果用户程序的访问键为 7，则允许它将数据写入 C、E 组中，任何写入其他组的企图，都会因访问键和贮存键不符而引起中断。这种保护方式提供了存数保护。另外，还有取数保护，方法就是为每个组设置一个一位的取数键寄存器。如果取数键寄存器为 0，则贮存器中该组只受存数保护；如果取数键寄存器为 1，则该组受取数保护。在图 1.6 中，5 组的取数键分别为 1、1、0、1、0，其中，A、B、D 3 组不仅受存数保护，还受取数保护，只有访问键和取数键相符的用户才能存取。

（3）采用硬件保护方法。

对于安全相关的软件区段使用的数据，可以采取以下硬件保护方法进行数据保护，以防止使用者修改数据：①对进行数据调整的地方使用密封材料密封，这样，使用者一旦调整数据，就可以被发现；②只有专有工具（一般情况下，该工具只有制造商才有）和密码才能进行调整。

A		5		1
B		0		1
C		7		0
D		5		1
E		7		0
贮存器		贮存健寄存器		取数健寄存器

图1.6 存取示意图

7. 启动和终止状态要求

要求软件及其控制下的与安全相关的硬件的启动和终止状态要与软件顺序文档中定义的一致。在软件的需求分析说明、设计文档和用户手册等文档资料中，要明确软件的启动状态、工作流程和终止状态。在软件实际运行时，软件及其控制器的安全相关硬件的启动和终止状态也应与描述的一致。

第 2 章 控制器安全相关部件的常见故障及故障检测方法

2.1 CPU（MCU）故障及故障检测方法

本节列出了与 CPU 部件或程序相关的故障或故障模式。CPU 相关部件或程序通常包括寄存器，指令、译码与执行，程序计数器，寻址，数据路径和指令译码。下面详细介绍 CPU 相关部件或程序对应的故障及其可接受的检测方法。

2.1.1 寄存器故障及故障检测方法

【内容】

寄存器故障及检测措施如表 2.1 所示。

表 2.1 寄存器故障及检测措施

组件	故障/错误	软件分类		可接受的措施
		B	C	
寄存器	黏着性故障	rq	—	（1）功能测试 （2）用下述之一进行周期性自检： ① 静态贮存器测试 ② 带有一位冗余的字保护
	DC 故障	—	rq	（1）由下述之一进行冗余 CPU 的比较： ①相互比较 ②独立硬件比较器 （2）内部错误发现 （3）带有比较的冗余贮存器

续表

组件	故障/错误	软件分类 B	软件分类 C	可接受的措施
寄存器	DC 故障	—	rq	(4) 使用下述之一进行的周期性自检： ①走块式贮存器测试 ②阿伯拉翰测试 ③穿透式 GALPAT 测试 (5) 带有多位冗余的字保护 (6) 静态贮存器测试和带有一位冗余的字保护

注：表中的 rq 是指明的软件分类所需的故障范围。

【注释】

寄存器常见的故障模式是黏着性故障模式和 DC 故障模式，黏着性故障模式是呈现开路或不变的信号水平的故障模式；DC 故障模式是包含信号线间短路的一种黏着性故障形式。

黏着性故障模式一般是指在集成电路测试中模拟的一种故障模式。在模拟的这种故障中，或者是某个信号被固定为某一个值，或者是集成电路芯片的某一引脚被固定为逻辑 1 或逻辑 0。例如，某一个输出被固定为逻辑1，用来模拟可能会造成这种故障的制造方面的问题。

按照 IEC 60730-1 标准的要求，应能保证 CPU 正常运行，这就要对 MCU 的寄存器进行黏着性故障的测试，以保证寄存器中的位（bit）不会保持为某一个值不变。对于 CPU 的黏着性故障，按标准规定，可以通过功能测试或周期测试两种方法来确定。其中，在周期测试中，又包括静态贮存器测试和带有一位冗余的字保护。

周期测试中的两种方法较易实现且成本较低的是静态贮存器测试，带有一位冗余的字保护在很多情况下需要额外的硬件监控 CPU，或者需要额外的贮存空间贮存每个贮存单元的奇偶校验值，这样会大大增加制作成本，一般很难成为制造商的第一选择。

寄存器故障产生的原因有：①软件发生错误，如出现"越界"的情况；②电源出现低压波动，电源的波动可能导致单片机因低电压而复位；③芯片出现内部故障，如芯片击穿。

寄存器出现的故障现象（模式）为寄存器的值与期望值不符。

寄存器出现故障后的影响包括：①导致业务出现局部中断的情况；②业务没有中断但是结果不正确；③导致故障进一步扩大为系统级故障。

2.1.1.1 寄存器故障的检测方法

针对寄存器故障，可接受的措施/检测方法分为以下几种类型。

（1）功能测试。

（2）用下述之一进行周期性自检：①静态贮存器测试；②带有一位冗余的字保护。

（3）由下述之一进行冗余 CPU 的比较：①相互比较；②独立硬件比较器。

（4）内部发现错误。

（5）带有比较的冗余贮存器。

（6）使用下述之一进行周期性自检：①走块式贮存器测试；②阿伯拉翰测试；③穿透式 GALPAT 测试。

（7）带有多位冗余的字保护。

具有 B 类软件功能的控制器的寄存器的故障模式为黏着性故障模式，可接受的检测方法是上述第（1）、（2）种。具有 C 类软件功能的控制器的寄存器的故障模式为 DC 故障模式，可接受的检测方法是上述第（3）～（7）种。

下面详细展开具有 B 类软件功能的控制器的寄存器可接受的故障检测方法。其中，静态贮存器测试又分为方格贮存器测试和进程贮存器测试。

2.1.1.2 寄存器功能测试

1. 技术点含义

CPU 寄存器是 CPU 内部容量较小的高速贮存部件，用于暂存数据、指令和地址等。CPU 寄存器组包含多种寄存器。例如，MCS-51 单片机的 CPU 寄存器组包含以下几种寄存器。

（1）程序计数器 PC。它是一个 16 位寄存器，用于存放下一个机器周期要读出的指令字节的地址，并且，每次从内存中读出一个指令字节后，其内容会自动加 1。

（2）累加器 A。它是一个 8 位寄存器，用于存放一个操作数或操作结果。

（3）通用寄存器 B。它是一个 8 位寄存器，用于存放乘除运算的乘数、除数或乘积的高 8 位、除法的余数。

（4）程序状态字 PSW。它是一个 8 位寄存器，用于存放指令执行所产生的状态。

（5）堆栈指针 SP。它是一个 8 位寄存器，是单片机 RAM 中的一个贮存区域，用于存放临时数据，遵循"先进后出"的规则。

（6）数据指针 DPTR。它是一个 16 位寄存器，分为两个 8 位的 DPH 和 DPL，用于存放单片机片外的 ROM 地址或 RAM 地址。

CPU 寄存器功能测试将一组具体的测试向量应用于寄存器，测试寄存器电路产生的响应，验证寄存器电路设计的功能，以检测这些寄存器是否发生了黏着性故障。该测试包括 CPU 各类寄存器的功能测试。

2. 算法原理

首先向寄存器中写入一个数据，然后读出写入的数据，判断写入数据和读出数据是否一致。

3. 算法描述

假设共有 I（R_0～R_{I-1}）个寄存器需要测试，那么寄存器测试流程如下。

（1）关闭寄存器中断。

（2）将所有待测寄存器（R_0～R_{I-1}）的内容分别进栈。

（3）从 R_0 开始，依次对 R_0～R_{I-1} 执行以下 3 步。

① 向寄存器（8 位或 16 位）写入 0x55 或 0x5555。

② 从寄存器读出数据。

③ 验证读出的数据是否等于 0x55 或 0x5555，若相等，则继续测试下一个寄存器；否则结束测试。

（4）从 R_{I-1} 开始，依次对 R_{I-1}～R_0 执行以下 3 步。

① 向寄存器（8 位或 16 位）写入 0xAA 或 0xAAAA。

② 从寄存器中读出数据。

③ 验证读出的数据是否等于 0xAA 或 0xAAAA，若相等，则寄存器内容出栈，并继续测试下一个寄存器；否则结束测试。

（5）打开寄存器中断。

由此得出 CPU 寄存器测试流程，如图 2.1 所示。

4. 伪代码

寄存器测试的伪代码如下：

```
Set Registers Interruptions Close
for i=0 to I-1
    Push ( Register(i) )
for i=0 to I-1
    Write 0x55/0x5555 to Register
    Read Data from Register
    if data! = = 0x55/0x5555
     Return ERROR
for i=I-1 to 0
    Write 0xAA/0xAAAA to Register
    Read Data from Register
    if Data==0xAA/0xAAAA
        Pop (Register)
    else Return ERROR
Set Registers Interruptions Open
```

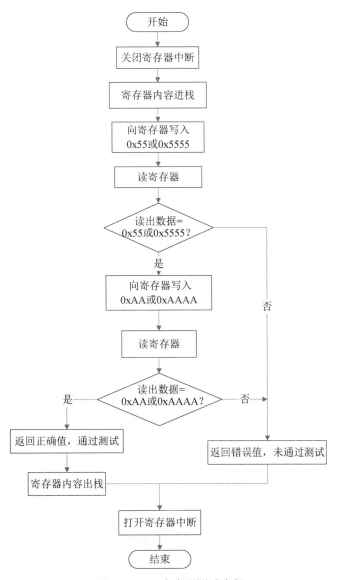

图 2.1 CPU 寄存器测试流程

2.1.1.3 带有周期性自检的单通道

单通道是指一个带有单个微型处理单元（MPU）和单个 I/O 的控制器，用于执行指定的控制操作。单通道本身不具有错误检测和失效模式保护等功能，因此，针对寄存器、程序计数器和中断系统等相关元件可能出现的故障（如寄存器的黏着性故障），设计相应的检测算法，编制检测程序，将检测程序嵌入单通道的通道程序中，检测程序在单通道工作过程中有规律地进行周期性检测，这样的单通道是带有周期性自检的单通道。

周期性自检程序被写入贮存器（如闪存）中，操作系统借助可编程计时器，按一定的时间间隔有规律地调度执行周期性自检程序。因此，周期性自检程序会和用户处理过程竞争系统资源,如 CPU、内存等,这就影响了系统用户程序的性能。另外,周期性自检需要一定的时延才能发现错误,这个时延等于操作系统调度周期性自检程序的周期加上周期性自检程序执行的时间。假设操作系统采用轮转调度方式,比较理想的自检周期是一定数量的调度周期,较常采用的周期是几百毫秒。为了减小时延和对用户程序性能的影响,周期性自检程序的设计应有以下几个特点。

(1) 执行时间应小于计时器的一个周期。

(2) 程序指令数目应尽量少,并且少用占用时钟周期较多的指令。

(3) 检测程序代码应短小,不会导致不确定的数据灾难。

(4) 检测程序占用较少的、集中的贮存空间。

针对寄存器的黏着性故障,其周期性自检算法可以是静态贮存器测试和带有一位冗余的字保护,其中,静态贮存器测试包括方格贮存器测试和进程贮存器测试两种测试算法。由于寄存器的测试必须对寄存器进行写和读操作,所以在测试之前,需要把待测寄存器的内容压栈,在测试完成后,对于无故障的寄存器,要将其内容出栈。

2.1.1.4 无比较的双通道

双通道含有两个相同或不同的且相互独立的单通道结构,每一个通道都能执行一种功能操作并得到一种规定的响应。无比较的双通道结构使用两个 CPU 分别以不同的方法合作完成某一关键性的功能。这两个 CPU 是合作的关系,它们执行的操作是不同的,得到的响应也是不同的,无须比较其响应结果。在每执行一个关键性功能之前,两个 CPU 都必须已经完成它们之前合作的任务。例如,在打开洗衣机门之前,要停止发动机的工作,当使用无比较的双通道结构来实现这一功能时,使用其中一个 CPU 停止电动机的工作,使用另一个 CPU 检测电动机是否已经停止工作。无比较的双通道如图 2.2 所示。

双通道结构要使用两个 CPU(或 MCU),这使得资源开销增大,而且为了合作,两个 CPU 之间要进行通信,这增加了结构的复杂度。

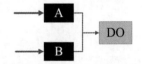

图 2.2 无比较的双通道

2.1.1.5 方格贮存器测试

1. 技术点含义

方格贮存器测试首先交替地把 0 和 1(如 01010101)写入贮存器;然后把写入的数据读出,检查其准确性,如果准确,则输入其互补样式进行测试(如 01010101 的互补样式是 10101010);最后把写入的数据读出,检查其准确性。

2. 算法描述

方格贮存器测试的算法描述如图 2.3 所示。

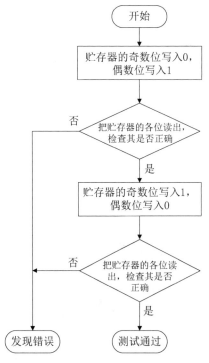

图 2.3 方格贮存器测试的算法描述

3. 伪代码

方格贮存器测试的伪代码如下：

```
Procedure Checkerboard
{
    while( i is odd && j is even)
      {
       write 0 in cell[i];
       write 1 in cell[j];
       Read data from Cell[i] and check for correctness;
    complement all cells;
       Read data from Cell[i] and check for correctness;
      }
}
```

2.1.1.6 进程贮存器测试

进程贮存器测试使用的方法有很多种，这里列出常用的 6 种算法。

1. MATS 算法

1）技术点含义

MATS 算法：是开始时将贮存器每一位的内容都设置为 0；然后从最低位或最高位开

始,逐位读出并检查其是否正确(是否是0),若正确,则向该位写入1,一直到空间结束;最后从最高位或最低位开始,逐位读出并检查其是否正确(是否是1)。一般至少需要对贮存器的每位进行6次读/写操作来检验其是否通过测试。

2)算法描述

MATS算法描述如图2.4所示。

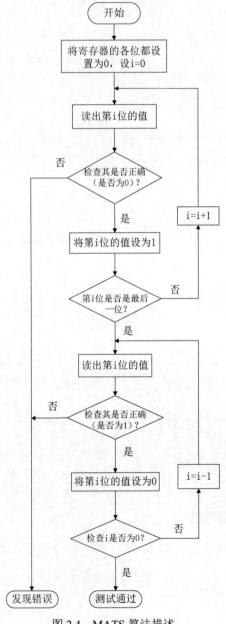

图2.4　MATS算法描述

3）伪代码

MATS 算法的伪代码如下：

```
Procedure MATS
{
    for( i =0;i<n-1;i++)   or  for(i=n-1;n>0;i--)
      {
      Write 0 to Cell[i];
      }
    for( i =0;i<n-1;i++)   or  for(i=n-1;n>0;i--)
      {
      Read data from Cell[i] and check for correctness;
      Write 1 to Cell[i];
      }
    for( i =0;i<n-1;i++)   or  for(i=n-1;n>0;i--)
      {
      Read data from Cell[i] and check for correctness;
      }
}
```

2. MATS+算法

1）技术点含义

MATS+算法：开始时，可以从贮存器的最低位以升序的方式或从最高位以降序的方式写入 0；接着从贮存器的最低位以升序的方式读出贮存器的内容，检查其是否为 0，如果为 0，则将该位改写为 1，否则认为出现错误；最后从贮存器的最高位以降序的方式读出贮存器的内容，检查其是否为 1，如果为 1，则测试通过，并将该位改写为 0，否则认为出现错误。

2）算法描述

MATS+算法描述如图 2.5 所示。

3）伪代码

MATS+算法的伪代码如下：

```
Procedure MATS+
{
    for( i =0;i<n-1;i++)   or  for(i=n-1;n>0;i--)
      {
      Write 0 to Cell[i];
      }
    for (i =0;i<n-1;i++)
      {
      Read data from Cell[i] and check for correctness;
      Write 1 to Cell[i];
```

```
    }
    for(i=n-1;n>0;i--)
    {
    Read data from Cell[i] and check for correctness;
    Write 0 to Cell[i];
    }
}
```

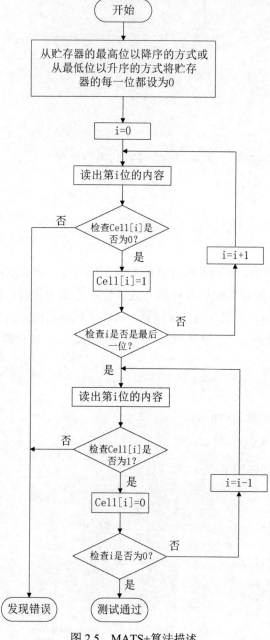

图 2.5 MATS+算法描述

3．MATS++算法

1）技术点含义

MATS++算法：开始时，可以从贮存器的最低位以升序的方式或从最高位以降序的方式写入 0；接着从贮存器的最低位以升序的方式读出贮存器的内容，检查其是否为 0，如果为 0，则将该位改写为 1，否则认为出现错误；最后从贮存器的最高位以降序的方式读出贮存器的内容，检查其是否为 1，如果为 1，则将该位改写为 0，并将该位读出，检查其是否为 0，如果为 0，则测试通过，否则认为出现错误。

2）算法描述

MATS++算法描述如图 2.6 所示。

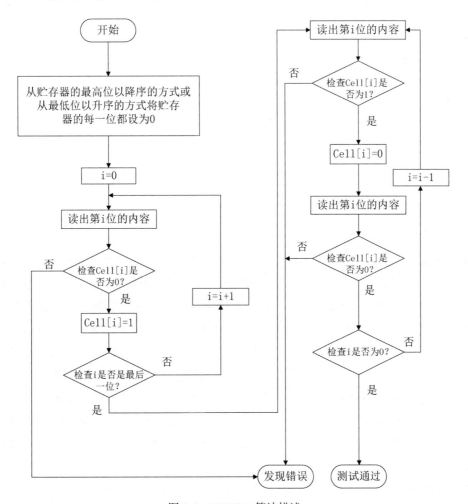

图 2.6　MATS++算法描述

3）伪代码

MATS++算法的伪代码如下：

```
Procedure MATS++
{
    for( i =0;i<n-1;i++)  or  for(i=n-1;n>0;i--)
      {
    Write 0 to Cell[i];
    }
    for (i =0;i<n-1;i++)
    {
    Read data from Cell[i] and check for correctness;
    Write 1 to Cell[i];
    }
    for(i=n-1;n>0;i--)
    {
    Read data from Cell[i] and check for correctness;
    Write 0 to Cell[i];
    Read data from Cell[i] and check for correctness;
    }
}
```

4．Marching 1/0 算法

1）技术点含义

Marching 1/0 算法：开始时，可以从贮存器的最低位以升序的方式写入 0，接着从贮存器的最低位以升序的方式读出贮存器的内容，检查其是否为 0，如果为 0，则将该位改写为 1，并将该位读出，检查其是否为 1，如果不为 1，则认为出现错误；其次从贮存器的最高位以降序的方式读出贮存器的内容，检查其是否为 1，如果为 1，则将该位改写为 0，并将该位读出，检查其是否为 0，如果不为 0，则认为出现错误；然后从贮存器的最低位以升序的方式写入 1，接着从贮存器的最低位以升序的方式读出贮存器的内容，检查其是否为 1，如果为 1，则将该位改写为 0，并将该位读出，检查其是否为 0，如果不为 0，则认为出现错误；最后从贮存器的最高位以降序的方式读出贮存器的内容，检查其是否为 0，如果为 0，则将该位改写为 1，并将该位读出，检查其是否为 1，如果不为 1，则认为出现错误。

2）算法描述

Marching 1/0 算法描述如图 2.7 所示。

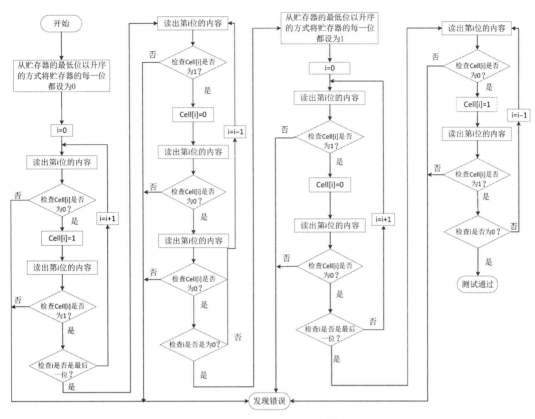

图 2.7 Marching 1/0 算法描述

3）伪代码

Marching 1/0 算法的伪代码如下：

```
Procedure Marching 1/0
{
    for( i =0;i<n-1;i++)
      {
    Write 0 to Cell[i];
    }
    for (i =0;i<n-1;i++)
    {
    Read data from Cell[i] and check for correctness;
    Write 1 to Cell[i];
    Read data from Cell[i] and check for correctness;
    }
    for(i=n-1;n>0;i--)
    {
    Read data from Cell[i] and check for correctness;
    Write 0 to Cell[i];
```

```
Read data from Cell[i] and check for correctness;
  }
for( i =0;i<n-1;i++)
  {
Write 1 to Cell[i];
  }
for( i =0;i<n-1;i++)
  {
Read data from Cell[i] and check for correctness;
Write 0 to Cell[i];
Read data from Cell[i] and check for correctness;
  }
for(i=n-1;n>0;i--)
  {
Read data from Cell[i] and check for correctness;
Write 1 to Cell[i];
Read data from Cell[i] and check for correctness;
  }
}
```

5. March B 算法

1）技术点含义

March B 算法：开始时，可以从贮存器的最低位以升序的方式或从最高位以降序的方式写入 0，从贮存器的最低位以升序的方式读出贮存器的内容，检查其是否为 0，如果为 0，则将该位改写为 1，并将该位读出，检查其是否为 1，如果不为 1，则认为出现错误；其次将该位改写为 0，并将该位读出，检查其是否为 0，如果不为 0，则认为出现错误；再次从贮存器的最高位以降序的方式读出贮存器的内容，检查其是否为 1，如果为 1，则将该位改写为 0，并将该位读出，检查其是否为 0，如果为 0，则将该位改写为 1，否则认为出现错误；接着从贮存器的最低位以升序的方式读出贮存器的内容，检查其是否为 1，如果为 1，则将该位改写为 0，否则认为出现错误，将刚写入的 0 改写为 1，从贮存器的最高位以降序的方式读出贮存器的内容，检查其是否为 1，如果为 1，则将该位改写为 0，否则认为出现错误；然后将刚写入的 0 改写为 1，之后又将刚刚写入的 1 改写为 0，从贮存器的最高位以降序的方式读出贮存器的内容，检查其是否为 0，如果为 0，则将该位改写为 1，否则认为出现错误；最后又将刚刚写入的 1 改写为 0。

2）算法描述

March B 算法描述如图 2.8 所示。

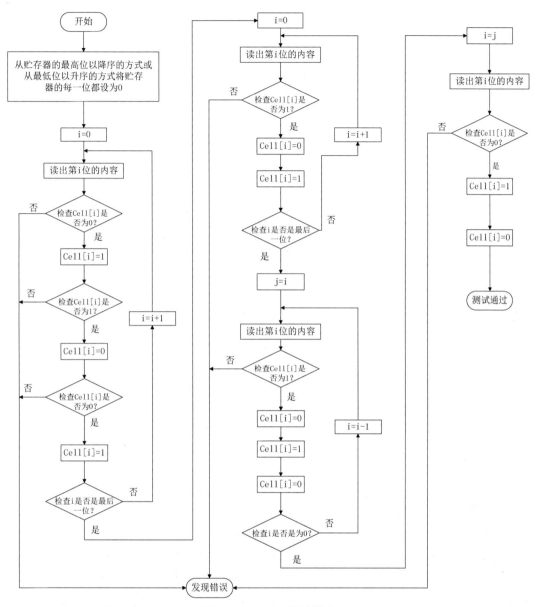

图 2.8 March B 算法描述

3）伪代码

March B 算法的伪代码如下：

```
Procedure Marching B
{
    for( i =0;i<n-1;i++)  or  for(i=n-1;n>0;i--)
      {
    Write 0 to Cell[i];
    }
    for (i =0;i<n-1;i++)
```

```
{
Read data from Cell[i] and check for correctness;
Write 1 to Cell[i];
Read data from Cell[i] and check for correctness;
Write 0 to Cell[i];
Read data from Cell[i] and check for correctness;
Write 1 to Cell[i];
}
for (i =0;i<n-1;i++)
{
Read data from Cell[i] and check for correctness;
Write 0 to Cell[i];
Write 1 to Cell[i];
}
for(i=n-1;n>0;i--)
  {
Read data from Cell[i] and check for correctness;
Write 0 to Cell[i];
Write 1 to Cell[i];
Write 0 to Cell[i];
}
for(i=n-1;n>0;i--)
{
Read data from Cell[i] and check for correctness;
Write 1 to Cell[i];
Write 0 to Cell[i];
}
}
```

6. March C 算法

1）技术点含义

March C 算法：开始时，可以从贮存器的最低位以升序的方式或从最高位以降序的方式写入 0，从贮存器的最低位以升序的方式读出贮存器的内容，检查其是否为 0，如果为 0，则将该位改写为 1，否则认为出现错误；其次，从贮存器的最低位以升序的方式读出贮存器的内容，检查其是否为 1，如果为 1，则将该位改写为 0，否则认为出现错误；再次，可以从贮存器的最低位以升序的方式或从最高位以降序的方式写入 0，从贮存器的最低位以升序的方式或从最高位以降序的方式读出寄存器的内容，检查其是否为 0，如果不为 0，则出现错误；接着从贮存器的最高位以降序的方式读出贮存器的内容，检查其是否为 0，如果为 0，则将该位改写为 1，否则认为出现错误；然后从贮存器的最高位以降序的方式读出贮存器的内容，检查其是否为 1，如果为 1，则将该位改写为 0，否则认为出现错误；最后从贮存器的最低位以升序的方式或从最高位以降序的方式读出寄存器的内容，检查其是否为 0，如果为 0，则测试通过，否则认为出现错误。

2）算法描述

March C 算法描述如图 2.9 所示。

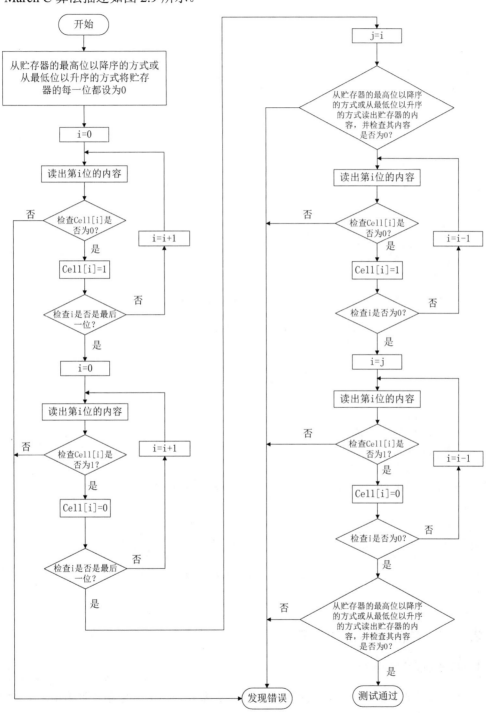

图 2.9 March C 算法描述

3）伪代码

March C 算法的伪代码如下：

```
Procedure Marching C
{
    for( i =0;i<n-1;i++)  or  for(i=n-1;n>0;i--)
      {
    Write 0 to Cell[i];
    }
    for (i =0;i<n-1;i++)
    {
    Read data from Cell[i] and check for correctness;
    Write 1 to Cell[i];
    }
    for (i =0;i<n-1;i++)
    {
    Read data from Cell[i] and check for correctness;
    Write 0 to Cell[i];
    }
    for( i =0;i<n-1;i++)  or  for(i=n-1;n>0;i--)
      {
    Read data from Cell[i] and check for correctness;
    }
    for(i=n-1;n>0;i--)
    {
    Read data from Cell[i] and check for correctness;
    Write 1 to Cell[i];
    }
    for(i=n-1;n>0;i--)
    {
    Read data from Cell[i] and check for correctness;
    Write 0 to Cell[i];
    }
    for( i =0;i<n-1;i++)  or  for(i=n-1;n>0;i--)
      {
    Read data from Cell[i] and check for correctness;
    }
}
```

2.1.1.7　带有一位冗余的字保护

1. 技术点含义

带有一位冗余的字保护测试是指贮存器在贮存数据时，预留一位不贮存数据，而是用于贮存校验值或使用另外一块贮存空间贮存此校验位。例如，可以为贮存器中的每个字设定一个校验位。因此，带有一位冗余的字保护测试需要额外的硬件支持。

2．算法描述

当输入偶数个 1 时，校验位写入 0；当输入奇数个 1 时，校验位写入 1。在测试时，如果出现校验位的奇偶性与其他位出现 1 的总个数的奇偶性不一致，就说明该贮存器贮存的数据有误。

3．伪代码

带有一位冗余的字保护的伪代码如下：

```
Procedure SBR
{
    i=0;
    while (寄存器内容中不全为0)
    {
        贮存器数据左移；
        j=溢出位；
        if(j==1)
        {
            ~i;
        }
    }
    if(i==test)  测试通过；
    else  出现错误；
}
```

2.1.2 指令、译码与执行故障及故障检测方法

【内容】

指令、译码与执行故障及检测措施如表 2.2 所示。

表 2.2 指令、译码与执行故障及检测措施

组件	故障/错误	软件分类		可接受的措施
		B	C	
指令、译码与执行	错误译码和执行	—	rq	（1）由下述之一进行冗余 CPU 的比较： ①相互比较 ②独立硬件比较器 （2）内部错误发现 （3）使用等价性等级测试的周期性自检

【注释】

指令、译码与执行常见的故障模式是错误译码和执行故障。

在译码过程中,指令译码器按照预定的指令格式,对取回的指令进行拆分和解释,识别出不同的指令类别及各种获取操作数的方法。通过对指令进行译码,CPU 已知指令如何执行,因此,执行阶段即通过控制器,按照确定的时序向相应的部件发出微操作控制信号,以对指令要求的特定操作进行具体实现。

在译码过程中,常会发生误码故障,该故障产生的原因有:①收发芯片出现异常;②线路受到干扰;③时钟不稳定。

误码故障现象(模式)为:当发送端发送"1"码元时,在接收端收到的却是"0"码元;反之亦然,即收发码元不一致。

误码故障的影响包括:①误码率太高,使业务局部中断;②业务没有中断,但误码过多,运行结果不正确,即错误执行;③导致故障进一步扩大为系统级故障。

针对指令、译码与执行故障,可接受的措施/检测方法如下。

(1)由下述之一进行冗余 CPU 的比较:①相互比较;②独立硬件比较器。

(2)内部错误发现。

(3)使用等价性等级测试的周期性自检。

指令、译码与执行的故障检测对具有 B 类软件功能的控制器没有要求,而具有 C 类软件功能的控制器需要进行该故障检测,可接受的检测方法是上述第(1)、(3)种。

1. 冗余 CPU 的比较

冗余 CPU 的比较包括相互比较和独立硬件比较器。

冗余 CPU 的比较是双通道结构中的故障/错误控制措施,每个通道都有一个 CPU 进行处理,对处理后的数据进行比较,比较方式有相互比较和独立硬件比较器。

相互比较是对两个处理单元之间要交换的相似数据进行比较,两个通道产生的这些数据存在很小的偏差(甚至相同),进行比较能及时发现某个通道的异常,进而避免严重问题的发生。独立硬件比较器采用硬件比较的方式,将两个通道的输出作为硬件比较器的输入,并发现两个通道的数据差异。

2. 内部错误发现

内部错误发现方法包含以下 3 种。

(1)内部错误侦测或纠正:整合了用于侦测或纠正错误的特殊电路的一种故障/错误控制技术。

(2)程序顺序的逻辑监测:监测程序顺序的逻辑执行的一种故障/错误控制技术。

(3) 多位总线奇偶检验：总线扩展两位或多位，并用这些扩展位发现错误的一种故障/错误控制技术。

3．使用等价性等级测试的周期性自检

使用等价性等级测试的周期性自检是预定用于确定是否对指令进行了正确的译码和执行的一种系统测试。该测试数据源于 CPU 指令规范。采用规定范围内、外和极限处的数值进行的等价性等级测试的周期性自检指令的分类如下。

（1）移动指令。

（2）运算质量。

（3）位和移位指令。

（4）条件处理指令。

（5）其他指令。

2.1.3　程序计数器故障及故障检测方法

【内容】

程序计数器故障及检测措施如表 2.3 所示。

表 2.3　程序计数器故障及检测措施

组件	故障/错误	软件分类		可接受的措施
		B	C	
程序计数器	黏着性故障	rq	—	（1）功能测试、周期性自检 （2）独立时隙监测 （3）程序顺序的逻辑监测
	DC 故障	—	rq	（1）使用下述之一进行周期性自检和监测： ①独立时隙和逻辑监测 ②内部错误发现 （2）由下述之一进行冗余功能通道的比较： ①相互比较 ②独立硬件比较器

【注释】

程序计数器常见的故障模式是黏着性故障模式和 DC 故障模式。

程序计数器（PC）又称指令计数器，用于存放 CPU 执行的下一条指令所在的地址，在程序开始执行前，必须将程序的起始地址送入程序计数器，每次从程序计数器中取出指令地址后，其内容被修改为下一条指令的地址。由于大多数指令是按顺序执行的，所以修改操作只是简单地加 1；但对于跳转指令，要将指令寄存器中的地址段存放到程序计数器中。

因此，程序计数器应具有寄存信息和计数两种功能，但计数功能一般由 CPU 的 ALU 实现，即程序计数器可以采用单纯的寄存器结构。

通过提供程序执行所需的地址，程序计数器保证微控制器按照预先设计的功能运作。如果程序计数器出现黏着性故障，则微控制器不能正常运行。

程序计数器产生黏着性故障的原因是单片机受到外界电磁场的干扰，造成程序跑飞，陷入死循环。

程序计数器黏着性故障的现象（模式）为 MCU（微控制器）并没有正在执行某一循环程序，但是程序计数器的值长期保持不变。

寄存器黏着性故障的影响为程序不能正常运行，始终执行某一条语句，陷入死循环，造成整个系统陷入停滞状态，会发生不可预料的后果。

2.1.3.1　程序计数器故障检测方法

程序计数器故障可接受的措施/检测方法如下。

（1）功能测试。

（2）周期性自检。

（3）独立时隙监测。

（4）程序顺序的逻辑监测。

（5）使用下述之一进行周期性自检和监测：①独立时隙和逻辑监测；②内部错误发现。

（6）由下述之一进行冗余功能通道的比较：①相互比较；②独立硬件比较器。

其中，具有 B 类软件功能的控制器的程序计数器的故障模式为黏着性故障模式，可接受的检测方法是上述第（1）～（4）种。具有 C 类软件功能的控制器的程序计数器的故障模式为 DC 故障模式，可接受的检测方法是上述第（5）、（6）种。

下面详细展开具有 B 类软件功能的控制器的程序计数器可接受的故障检测方法。为了检测程序计数器发生的黏着性故障，可以对程序计数器进行功能测试、周期性自检（见 2.1.1.3 节）、程序顺序的独立时隙监测和程序顺序的逻辑监测。

2.1.3.2　程序计数器的功能测试

1. 技术点含义

程序计数器的功能测试用来检测程序计数器是否实现了指令的正确跳转。如果程序计数器存在固定故障，那么指令一定不能正确跳转。

2. 算法原理

设置两个用于测试的指令（函数），它们返回一个唯一的值，根据返回值判断用于测试的指令（函数）是否会被执行，检测程序计数器是否可以实现指令的正确跳转。

3．算法描述

设计两个短小的测试用函数，两个函数的返回值已知且具有唯一性。测试用函数的设计应考虑其执行消耗的 CPU、贮存空间等资源。例如，两个测试用函数分别返回它们的首地址。具体的测试过程如下。

（1）设置两个测试用函数［FunctionForTest1( )，FunctionForTest2( )］，它们的返回值分别是各自的首地址。

（2）执行函数 FunctionForTest1( )，得到一个返回值，即 FunctionForTest1( )的首地址。

（3）判断 FunctionForTest1( )是否等于＆FunctionForTest1()，若相等，则继续测试；否则测试结束，返回错误值。

（4）执行函数 FunctionForTest2( )，得到一个返回值，即 FunctionForTest2( )的首地址。

（5）判断 FunctionForTest2( )是否等于＆FunctionForTest2()，若相等，则测试通过，程序计数器内容出栈；否则测试结束，返回错误值。

程序计数器功能测试的算法流程如图 2.10 所示。

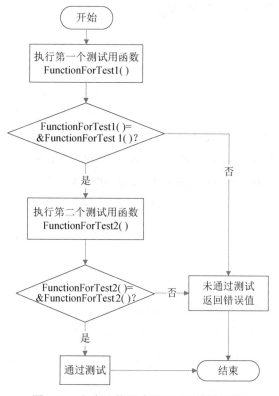

图 2.10　程序计数器功能测试的算法流程

4. 伪代码

程序计数器功能测试的伪代码如下：

```
FunctionForTest1( )              //用于测试的第一个函数
{
    return & FunctionForTest1( )
}
FunctionForTest2( )              //用于测试的第二个函数
{
    return & FunctionForTest2( )
}
Pctest()                         //程序计数器功能测试的主函数
{
if( FunctionForTest1( )!=& FunctionForTest1( ) )
        return ERROR
if (FunctionForTest2 ()! =& FunctionForTest2( ) )
        return ERROR
return OK
}
```

2.1.3.3 程序顺序的独立时隙监测

1. 技术点含义

程序顺序的独立时序监测使用一个具有独立时基的计时设备，这个设备周期性地触发程序功能和顺序的监测。例如，看门狗就是这样一个设备。在这种监测技术中，要使用一个与 CPU 时钟相互独立的时钟，根据该独立时钟的计时，周期性地产生一个实时中断，监测程序的执行状态，根据执行状态触发中断服务子程序，以监测程序的顺序和功能的正确性。例如，FreeScale Semiconductor 的产品 9S08AW60 就设置了一个看门狗，时钟频率为 1kHz，可每 8ms/32ms/64ms/128ms/256ms/512ms/1.024s 向 CPU 发出一次中断请求。

或者可以给看门狗设置一个时限，一般为几百微秒。在程序执行过程中，定时地重置看门狗（"喂狗"）。一旦喂狗不及时，看门狗就会超时溢出，认为程序执行顺序发生错误，系统将被重置。

2. 算法原理

若程序计数器中的地址一直不变，则说明程序出现故障；或者程序执行过程中没有在有效时间内喂狗，导致看门狗超时，判定程序出错。

3. 算法描述

1）算法一

每当看门狗计时至时限时，如下监测工作会被触发进行：使 CPU 连续产生多次实时中断，每一次实时中断都会把程序计数器中的地址保存到栈中，如果连续 3 次以上保存的地址都和中断前程序计数器中的地址相同，那么可以猜测程序计数器发生了黏着性故障，可以使系统重置。具体的过程如下。

（1）看门狗计时结束。

（2）count=0。

（3）向 CPU 发出实时中断请求。

（4）CPU 将程序计数器内容压栈，CPU 响应中断。

（5）中断服务子程序比较当前程序计数器中的内容（中断服务子程序本身的地址）与栈顶保存的地址（中断前程序计数器中的地址）是否相等，有以下两种情况。

① 若相等，则 count=count+1，退出中断服务子程序，程序计数器的内容出栈。如果 count<3，则返回第（3）步；否则，监测结束，调用程序计数器检测程序。

② 若不相等，则监测结束，CPU 继续执行用户程序。

程序顺序的独立时隙监测算法一的流程如图 2.11 所示。

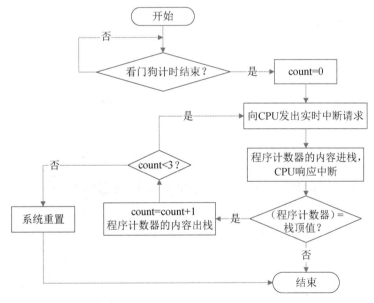

图 2.11　程序顺序的独立时隙监测算法一的流程

2）算法二

在程序中适当地插入一些喂狗指令，看门狗计时的初值应大于一个循环的周期，当程序跑飞或陷入死循环时，喂狗指令不能正常执行，看门狗最终会超时，使系统重置。程序顺序的独立时隙监测算法二的流程如图 2.12 所示。

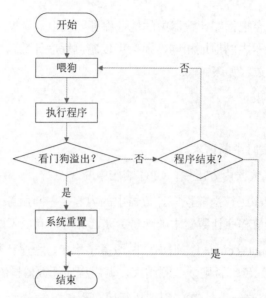

图2.12　程序顺序的独立时隙监测算法二的流程

4．伪代码

程序顺序的独立时隙监测算法的伪代码如下。

（1）算法一。

主程序：

```
if (Watchdog.time==0)                //Watchdog 计时结束，其值为 0
  count=0
  flag=1
  while（count<3 && flag==1）INT      //向 CPU 发出实时中断请求
if count≥3 Reset system
//若连续 3 次以上中断的地址都和中断前的用户程序地址相同，则重置系统
```

中断服务子程序：

```
value1=(pc)
Pop value2
if (value1==value2)
     count=count+1
else flag=0
```

（2）算法二：

```
MainProgram()
{
    ……
    Set Watchdog                     //在程序中插入喂狗指令
    ……
}
Watchdog()
```

```
{
    If (Watchdog.time==0)
        Reset system
}
```

2.1.3.4 程序顺序的逻辑监测

1．技术点含义

程序顺序的逻辑监测用来监测程序执行的逻辑顺序。例如，可使用程序自带的计数子程序或某个数据来实现监测，或者使用独立的监测设备。

在程序顺序的逻辑监测过程中设置一些参数（如计数），这些参数在程序正确执行过程中发生的变化是确定的。在程序执行过程中产生中断，调用中断服务子程序分析这些参数，根据参数是否发生预知的变化，可以判断程序是否发生了执行顺序错误。

判断程序是否发生了执行顺序错误的伪代码如下：

```
void main()
{//通过flag的正负选择输出1～100或-100～-1
int i=1,flag=0,result=0;
scanf("%d",&flag);
while(flag>0 && result<100)  print("%d", ++result);
while(flag<0 && result>-100)  print("%d", --result);
}
```

对于如上程序，可以将 result 的值保存到监测程序专用的某个寄存器中，通过跟踪 result 的值来监控程序的执行，保证程序没有跑飞或跑死。这就类似于在程序中不同的地方安装了看门狗。

2．算法原理

在程序中设置一些变量，这些变量随程序的执行按一定的规律变化，通过监测这些变量是否正常变化来监测程序的逻辑顺序是否正确。

3．算法描述

还是以上述伪代码来举例说明算法。在程序开始时，首先设置用于程序顺序的逻辑监测的寄存器 R 的初值，使（R）=0xAAAA；然后在程序运行过程中，定期（如可每隔 10 个指令周期）调用程序顺序的逻辑监测程序分析 result 的值，判断程序是否跑飞。监测程序的算法如下。

（1）程序顺序的逻辑监测程序分析 result 的值，有以下 3 种情况。

① 若 result=0，则程序出现逻辑顺序故障，因为在 10 个指令周期后，result 的值已经肯定不是 0 了。

② 若 result>0，且大于寄存器中保存的上次监测的 result 的值，则程序正常；否则程

序出现逻辑顺序故障。

③ 若 result<0，且小于上次读到的 result 的值，则程序正常；否则程序出现逻辑顺序故障。

（2）如果程序未出现逻辑顺序故障，则设置(R)=result。

任何程序都可像该例一样，监测程序中某个或某些参数的值的变化，或者在程序中设置一些其他的变量专门用作监测对象，以防止程序跑飞或跑死。

对于上述例子，其监测程序的算法流程如图 2.13 所示。

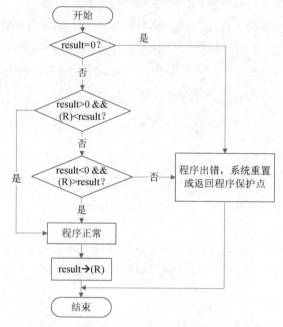

图 2.13　程序顺序的逻辑监测程序的算法流程

4．伪代码

继续以上述例子来举例说明，其监测程序对应的伪代码如下：

```
if (result==0)   return ERROR
else
    if( (result>0 AND (R)<result)OR (result<0 AND (R)>result))
        return OK
        result→(R)
    else return ERROR
```

2.1.4　寻址故障及故障检测方法

【内容】

寻址故障及其检测措施如表 2.4 所示。

表 2.4 寻址故障及其检测措施

组件	故障/错误	软件分类		可接受的措施
		B	C	
寻址	DC 故障	—	rq	（1）由下述之一进行冗余 CPU 的比较： ①相互比较 ②独立硬件比较器 （2）内部错误发现 （3）使用地址线的试验形式的周期性自检 （4）全总线冗余 （5）多位总线奇偶校验

【注释】

CPU 寻址常见故障模式是 DC 故障。

CPU 寻址的 DC 故障产生的原因是单片机内部线路因静电、熔断或击穿等出现部分线路电平不受控制，维持某一状态。

DC 故障的现象（模式）是短路故障，短路中的电平会发生变化，最终取决于哪根短路线强势。

DC 故障的影响为设备不能正常工作，严重时发生损坏，造成经济损失。

针对寻址故障，可接受的措施/检测方法如下。

（1）由下述之一进行冗余 CPU 的比较：①相互比较；②独立硬件比较器。

（2）内部错误发现。

（3）使用地址线的试验形式的周期性自检。

（4）全总线冗余。

（5）多位总线奇偶校验。

CPU 寻址的故障检测对具有 B 类软件功能的控制器没有要求；具有 C 类软件功能的控制器需要进行该故障检测，可接受的检测方法是上述第（1）～（5）种。

2.1.5 数据路径和指令译码故障及故障检测方法

【内容】

数据路径和指令译码故障及其检测措施如表 2.5 所示。

表 2.5 数据路径和指令译码故障及其检测措施

组件	故障/错误	软件分类		可接受的措施
		B	C	
数据路径和指令译码	DC 故障	—	rq	（1）由下述之一进行冗余 CPU 的比较： ①相互比较 ②独立硬件比较器 （2）内部错误发现 （3）使用试验形式的周期性自检 （4）数据冗余 （5）多位总线奇偶校验

【注释】

数据路径和指令译码的常见故障模式是 DC 故障。

针对数据路径和指令译码故障，可接受的措施/检测方法如下。

（1）由下述之一进行冗余 CPU 的比较：①相互比较；②独立硬件比较器。

（2）内部错误发现。

（3）使用试验形式的周期性自检。

（4）数据冗余。

（5）多位总线奇偶校验。

数据路径和指令译码的故障检测对具有 B 类软件功能的控制器没有要求；具有 C 类软件功能的控制器需要进行该故障检测，可接受的检测方法是上述第（1）～（5）种。

2.2 中断处理与执行故障及故障检测方法

本节列出了与中断相关的故障或故障模式。中断没有细分组件或程序。下面详细介绍中断对应的故障及其可接受的检测方法。

2.2.1 中断处理与执行故障及故障检测方法

【内容】

中断处理与执行故障及其检测措施如表 2.6 所示。

表 2.6　中断处理与执行故障及其检测措施

组件	故障/错误	软件分类 B	软件分类 C	可接受的措施
中断处理与执行	无中断或太频繁中断	rq	—	功能测试或时隙监测
	无中断或与不同源有关的太频繁中断	—	rq	（1）由下述之一进行冗余功能通道的比较： ①相互比较； ②独立硬件比较器 （2）独立时隙和逻辑监测

【注释】

在 MCU 系统中，一般使用中断对实时产生的事件进行响应，同时利用中断级别的高低对事件进行区别对待，关键的事件拥有高优先级。

中断出现的故障包括频繁中断、重复中断、中断丢失和中断吊死。

频繁中断故障产生的原因包括：①中断服务程序执行时间过长；②同时发生了多个中断；③中断发生得太快。频繁中断故障现象（模式）为两个中断的间隔时间小于中断服务程序的处理时间。频繁中断的影响包括：①出现中断丢失的情况；②出现中断吊死的情况；③出现中断跑飞的情况；④与该中断相关的业务可能受到影响。

重复中断故障产生的原因为中断控制器出现故障。重复中断故障现象（模式）为对同一次中断做了多次响应，即执行了多次中断服务程序。重复中断故障的影响包括：①重复执行由该中断触发的操作；②对于数据收发，可能出现重包。

中断丢失故障产生的原因是中断控制器出现故障。中断丢失故障现象（模式）为中断的响应次数比中断的触发次数少。中断丢失故障的影响包括：①对外部事件的响应不完整，可能造成系统的严重功能失效；②对于数据收发，可能造成丢包。

中断吊死故障产生的原因是中断控制器出现故障。中断吊死故障现象（模式）为中断控制器不能响应新中断。中断吊死故障的影响是无法响应新产生的中断，因此，由这些中断完成的功能均无法完成。

中断故障可接受的措施/检测方法如下。

（1）功能测试。

（2）时隙监测。

（3）由下述之一进行冗余功能通道的比较：①相互比较；②独立硬件比较器。

（4）独立时隙和逻辑监测。

其中，具有 B 类软件功能的控制器的中断故障模式为无中断或太频繁中断故障，可接受的检测方法是上述第（1）、（2）种；具有 C 类软件功能的控制器的中断故障模式为无中断或与不同源有关的太频繁中断故障，可接受的检测方法是上述第（3）、（4）种。

下面详细展开具有 B 类软件功能的控制器的中断可接受的故障检测方法。

2.2.2 中断的功能监测

1. 技术点含义

中断的功能监测的目的是验证能否产生中断。例如，8051 有 5 个中断源，即 2 个外部中断、2 个定时器中断和 1 个串行端口中断；三星的 S3C2410 芯片有 56 个中断源，其中有些中断公用中断请求信号线，实际共有 32 个中断请求信号。逐一验证各种中断，如果经过验证能够产生这些中断，则说明系统能够响应中断；否则返回无中断错误。

2. 算法原理

用模拟方法测试 ISR（Interrupt Service Routines，中断服务程序）是通过设置相应的中断控制寄存器的值来产生中断的，并通过检测相应寄存器中的值的变化验证中断是否发生。例如，在三星的 S3C2410 芯片中，通过设置中断控制寄存器——源未决寄存器（SRCPND）、中断模式寄存器（INTMOD）、中断屏蔽寄存器（INTMSK）、中断未决寄存器（INTPND）的值，可以用软件的方法产生要测试的中断，通过检测相应寄存器中的值的变化判断是否产生中断；在 MCS-51 系列的 8051 中，中断允许寄存器 IE（Interrupt Enable）负责中断使能和使禁，以软件方式设置 IE 各位，可以控制微控制器对相应中断的响应，即可以利用指令使中断标志升起，从而引发中断。例如，将定时器 1 的中断允许寄存器 IE 置为高（中断使能），诸如 "SETB TF1" 的指令会中断 8051 正在做的事情，迫使它跳到中断向量表。这种方法不需要等待定时器 1 翻转而引发中断。

3. 算法描述

根据要测试的中断类型分别编写中断测试函数，该函数通过设置中断控制寄存器或 IE 各位，以指令方式引发中断。在 8051 中，除串行端口中断需要在中断处理程序中清除溢出标志外，其余几种中断在被响应后由硬件自动清除。因此，可以通过检测中断溢出标志是否清零来判断微控制器是否响应中断。该函数可在指定的时间间隔被调用，如果在规定的时间内检测到中断，则说明有中断；否则返回无中断错误。下面以 8051 定时器 1 的中断测试函数 stl-timer1() 为例进行说明。

（1）设置 IE 的值为 10001000。

（2）设置定时器 1 的溢出标志 TF1 为 1。

（3）检测定时器 1 的溢出标志 TF1 是否为 0，如果为 0，则说明定时器 1 能够产生中断；否则，返回定时器 1 无中断。

对于其他类型的单片机，如三星的基于 ARM920T 微处理器核的 S3C2410 芯片，若设置 SRCPND 中的相应位为 1，INTMSK 中的相应位为 0，则可以产生对应的中断。在中断服务程序中,将 SRCPND 和 INTPND 复位,检查 SRCPND 和 INTPND 是否为初始值,若为初始值,则说明产生了中断;否则,返回无中断错误。下面以检测 SPI1 中断的测试函数 stl-spl1()为例进行说明。

(1)设置 SRCPND 为 0x2000。

(2)设置 INTMSK 为 0x2000。

(3)设置 INTPND 为 0x2000。

(4)检测 SRCPND 和 INTPND 是否为初始值,若为初始值,则说明产生了 SPI1 中断;否则,返回无 SPI1 中断。

4.伪代码

中断的功能监测伪代码如下:

```
stl-timer1()
{
    set IE=10001000;
    set TF1=1;
    if(TF1==0)
        interrupt of timer1 is ok;
    else
        no  timer1 interrupt;
}
    stl-spl1()
    {
        set SRCPND= 0x2000;
        set INTMSK=0x2000;
        set INTPND=0x2000;
        if(SRCPND==0x0000 && INTPND==0x0000)
            interrupt of spl1 is ok;
        else
            no spl1 interrupt;
    }
```

2.2.3 中断的时隙监测

1.技术点含义

中断的时隙监测意在检测一个时间段内中断发生的次数是否在预定范围之内,需要使用一个带有独立时基的计时设备进行时隙的限定。例如,可以使用看门狗进行计时,周期性地启动监测程序,用来监测一个周期内中断发生的总次数及每种中断发生的时间间隔。

监测周期一般为 20~1000ms,对于不同的系统,这个值可能会相差很大,要根据周期的长短和各中断发生的一般频率为周期内中断发生的总次数、每种中断发生的时间间隔设置一个合理的上限值和/或下限值。

2. 算法原理

在一定的时间段里,各种中断发生的次数会在一个范围内,通过监测中断的次数,可以检测出各种中断是否能正常被处理和执行,以及中断的产生是否过于频繁。

3. 算法描述

为带有独立时基的计时器设定初值并启动它,计时结束便启动监测程序,为监测程序设置了一个全局变量 global,用于对产生的所有中断进行计数;还要设置了一个持久的计数数组 router[N],用于记录各服务例程未被调用的周期数,即监测它们连续多少个监测周期未被调用。这些变量可以存放在 RAM 的某个固定的地址中,中断服务例程可以访问这些变量。另外,还要把 global 的上限值 max_global 和下限值 min_global,以及 router[ ]的上限值 max_router[ ]和下限值 min_router[ ]保存在 ROM 中。监测过程如下。

(1)定义变量 global=0,router[i]=1(i=0～N-1)。

(2)计时器开始计时。

(3)如果产生中断,则第 i 个服务例程被调用,服务例程执行过程如下。

① 服务例程开始执行。

② 服务例程使 global 加 1。

③ 服务例程使 router[i]置初值 0。

④ 完成中断功能。

⑤ 服务例程结束后,中断返回。

(4)如果计时结束,则执行监测程序,过程如下。

① 判断 global 是否在规定的上限次数和下限次数之间,如果不在规定范围内,则返回错误值,报告频繁中断错误。

② 判断数组 router[N]的每个值 router[i] 是否在规定的范围内,如果不在,那么表明中断不能正常产生,监测程序返回错误值,报告无中断错误;否则,对于数组 router[N]的每个值 router[i],判断它是否等于 0,如果不等于 0,就使 router[i]加 1。

中断的时隙监测的算法流程如图 2.14 所示。

4. 伪代码

根据上述算法,需要修改中断服务例程代码,并编写一个监测程序。伪代码分别如下。

(1)中断服务例程中加入的代码:

```
global← global+1
for i=0 to N-1 router[i]=0
```

控制器安全相关部件的常见故障及故障检测方法 第2章

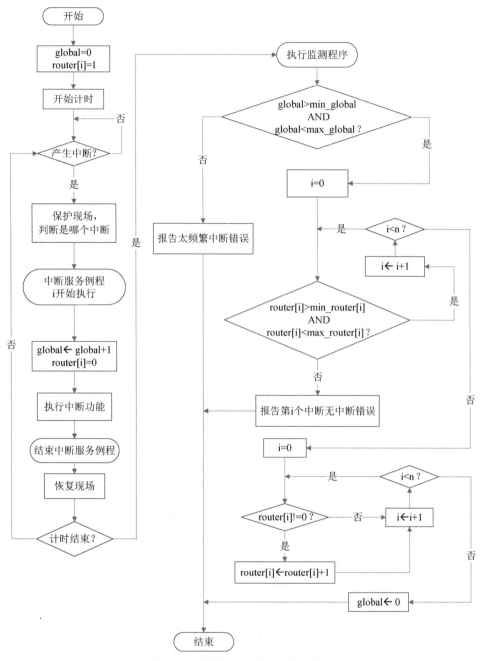

图 2.14 中断的时隙监测的算法流程

（2）监测程序伪代码：

```
if !(global>min_global AND global<max_global)
    return TFIE                    //返回太频繁中断错误
for i=0 to N-1
    if !( router[i]>min_router[i] AND router[i]<max_router[i] )
```

```
            return NIEi            //返回第 i 个中断，发生了无中断错误
for i=0 to N-1
    if( router[i]!=0 )
        router[i]←router[i]+1
global=0
```

2.3 Clock 时钟故障及故障检测方法

本节列出与时钟相关的故障或故障模式。时钟没有细分组件或程序。下面详细介绍时钟对应的故障及其可接受的检测方法。

2.3.1 Clock 时钟故障及其检测措施

【内容】

Clock 时钟故障及其检测措施如表 2.7 所示。

表 2.7 Clock 时钟故障及其检测措施

组件	故障/错误	软件分类		可接受的措施
		B	C	
Clock 时钟	错误频率（对于石英同步时钟，只限于谐波/次谐波）	rq	—	频率监测或时隙监测
		—	rq	（1）频率监测 （2）时隙监测 （3）由下述之一进行冗余功能通道的比较： ① 相互比较 ② 独立硬件比较器

【注释】

MCU 中的所有功能、动作都基于一个共同的基础——时钟频率。时钟频率产生的故障有时钟频率及相位偏移故障和时钟中断故障。

时钟频率及相位偏移故障产生的原因包括：①时钟配置异常，如配置超出芯片主频工作范围；②时钟源误差超过范围；③锁相电路或相关模块发生故障。时钟频率及相位偏移故障现象（模式）包括：①时钟发生漂移；②时钟丢失，导致程序跑飞。时钟频率及相位偏移故障的影响包括：①出现误码的情况；②出现指针调整的情况；③出现业务中断的情况。

时钟中断故障产生的原因包括：①外部时钟源中断；②锁相电路或相关模块发生故障。时钟中断故障现象（模式）为出现时钟源中断的情况。时钟中断故障的影响包括：①出现误码的情况；②出现业务中断的情况。

Clock 时钟故障可接受的措施/检测方法如下。

（1）频率监测。

（2）时隙监测。

（3）由下述之一进行冗余功能通道的比较：①相互比较；②独立硬件比较器。

其中，具有 B 类软件功能的控制器的时钟故障模式为错误频率，可接受的检测方法是上述第（1）、（2）种；具有 C 类软件功能的控制器的时钟故障模式也为错误频率，可接受的检测方法是上述第（1）～（3）种。

下面详细展开具有 B 类软件功能的控制器的时钟可接受的故障检测方法，具体可采用的措施包括频率监测和时隙监测。频率监测可通过硬件方式实现，一般利用外接的独立时钟源产生的信号，将此外部时钟和 MCU 的 CPU 总线时钟进行比较，以确保 CPU 总线时钟运行在一个正常的频率上。

2.3.2 频率监测

1. 技术点含义

时钟频率最原始的概念是时钟频率发生器产生的频率。对于 MCU，多指 CPU 的运行频率，即每秒钟 CPU 内部产生多少次脉冲，这也可以在很大程度上衡量 CPU 的性能。频率监测需要检查 CPU 的时钟频率在运行过程中是否出现错误或被改动。

2. 算法原理

判断单片机的计数器的时间与辅助时钟源的时钟周期是否一致，若一致，则说明时钟频率正确；否则表明出现了错误。

3. 算法描述

为了测试时钟准确与否，需要一个辅助时钟源，硬件看门狗是一个很好的选择，其时钟源独立于 CPU 的时钟源。近年研制出来的 MCU 或 DSP 都在片内集成了看门狗定时器功能模块。因此，在对这类单片机进行时钟频率测试时，需要外接独立的看门狗专用芯片，其原理图如图 2.15 所示。

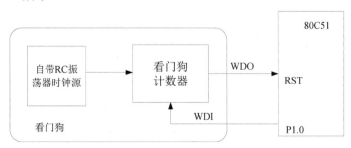

图 2.15 看门狗专用芯片的原理图

测试要求：单片机的时钟频率为 M，辅助时钟源的时钟频率为 N，要求 $\dfrac{N}{M}$ 为整数。

具体测试步骤如下。

（1）在测试进行前，先要为单片机设定一个定时喂狗中断周期。

（2）将单片机的 RST 端接到看门狗的 WDO 溢出端，将单片机的 P1.0 端接到看门狗的 WDI 清零端。

（3）重置看门狗和单片机，并开始计时。

（4）当单片机的计数为 T 时，读取看门狗计数器的耗时 t。

（5）判断看门狗计数器的耗时与单片机芯片的计数值 T 是否一致，若一致，则说明时钟频率正确；否则表明出现了错误。

频率监测的完整流程如图 2.16 所示。

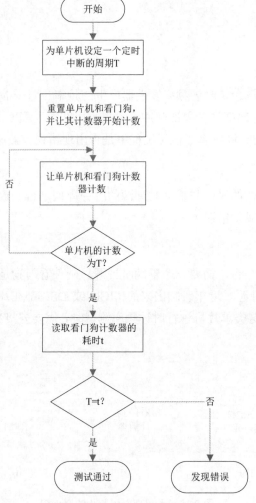

图 2.16 频率监测的完整流程

4．伪代码

频率监测的伪代码如下：

```
Procedure Frequency monitoring
{
    Read watchdog Overflow cycle T;
    Reset watchdog and MCU;
    Start the watchdog and MCU and let them count;
    if ( WDO==1)
    {
        Read the MCU counter t;
    }
    if ( t==T)
        Test is passed;
    else  Test is failed;
}
```

2.3.3 时隙监测

1．技术点含义

时隙监测是指周期地触发基于独立时钟基准的计时装置，用于监测 CPU 的时钟频率是否正确。对于时钟的时隙监测，其主要任务是周期性地检查时钟频率是否出错。

2．算法原理

检查在一定时间段内的 CPU 的时钟周期数是否在容错范围内，如果在，则说明 CPU 的时钟频率正常；否则说明时钟频率出错。

3．算法描述

利用辅助时钟源周期性地检测系统时钟的可靠性（系统时钟不应太快，也不应太慢）。要进行此测试，需要一个辅助时钟源。在此测试中，引入一个辅助振荡器进行时钟测试。测试的主要任务如下（见图 2.17）。

（1）辅助振荡器用作独立时钟源或参考时钟源，此振荡器为 Time1 的时钟源。

（2）Time2 运行在 CPU 时钟频率下。

（3）配置 Time1 以指定的时间间隔（如 1ms）产生中断。

（4）Time2 模块内的 PR2 寄存器用于保存时间周期值。此周期必须初始化为大于 1ms 的值，以使 Time2 在 Time1 中断之前不会超时。

（5）Time2 的 TMR2 值保存在 Time1 中断处理程序内。此值代表着在 1ms 的辅助振荡器周期内经过的 CPU 时钟周期数。如果时钟超过了定义的边界范围，那么该函数将设置错误标志。

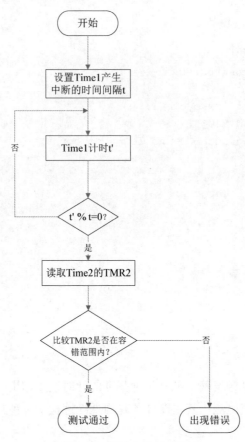

图 2.17 测试任务示意图

4．伪代码

时隙监测的伪代码如下：

```
Procedure Time-slot monitoring
{
    while（t' % t==0）
    {
        读取 Time2 中 PR2 的值 m；
        读取 Time2 中的 TMR2 的值 n；
        if(m 与 n 在容错范围内)
        {
            测试通过；
        }
        else
        {
            出现错误；
        }
    }
}
```

2.4 贮存器故障及故障检测方法

本节列出了与贮存器相关的故障或故障模式。贮存器故障包括不可变贮存器、可变贮存器和寻址故障,各个部件或程序存在着通用或独特的故障模式,对应地,也存在通用或独特的故障检测方法。下面详细解释不可变贮存器、可变贮存器和寻址的具体故障现象、原因、影响等,并分门别类地扩展贮存器故障及其检测方法。

在电子计算机中,用于贮存数据和指令等的记忆部件叫作贮存器,也常称为贮存器。与贮存器有关的内容通常分为 3 部分:可变贮存器、不可变贮存器和贮存器寻址。可变贮存器通常用来存放变量,即程序运行过程中可能发生变化的数据。不可变贮存器通常用于存放程序或常量(程序执行过程中一般不会发生变化)等。贮存器寻址是指访问贮存器过程中的取地址操作。

贮存器的常见故障按照部件模块划分,通常包括硬件故障、地址解码器故障、读写逻辑模块故障、贮存单元阵列故障 4 种。

硬件故障产生的原因是芯片受到物理或电子损伤,其故障现象(模式)为贮存功能不能正常实现。硬件故障的影响为影响芯片中的大部分功能。

地址解码器故障产生的原因是地址解码器发生故障,其故障现象(模式)包括:①对于某个确定的地址,没有相应的贮存单元与其对应;②对于某个确定的贮存单元,找不到一个地址选中它;③对于某一确定的地址,能同时选中两个或多个贮存单元;④多个地址同时选中同一个贮存单元。地址解码器故障的影响为不能正确进行地址解码。

读写逻辑模块故障产生的原因是读写逻辑模块发生故障,其故障现象(模式)为在读/写电路中,某些检测放大器的读出或写入驱动器的逻辑部分可能产生开路、短路或 I/O 固定的故障,或者在写电路的数据线之间存在交叉耦合干扰。读写逻辑模块故障的影响为不能正确实现读/写功能。

贮存单元阵列故障产生的原因是贮存器单元内的数据线开路、短路及串扰,其故障现象(模式)包括:①数据间的扰动,包括行、列和单元间的数据串扰;②对测试序列的花样具有敏感性。贮存单元阵列故障的影响为数据出现异常。

上述几种故障又可简化为下列 4 种功能故障。

(1)黏着性故障(Stuck-At Fault,SAF):单元或连线的逻辑值总为 0 或总为 1 的故障,单元/连线总是处于有故障的状态,并且故障的逻辑值不变。

(2)转换故障(Transition Fault,TF):是黏着性故障的一种特殊情况,当写数据时,某一贮存单元失效,使得 0-1 转变或 1-0 转变不能发生,表现为黏着性故障的形式。

(3)耦合故障(Coupling Fault,CF):由于短接或寄生效应等原因,贮存单元中某些位跳变，使其他位的逻辑发生非预期的变化。它既可以发生在不同的贮存单元之间，又可以发生在同一贮存单元的不同位之间。

（4）相邻矢量敏化故障（Neighborhood Pattern Sensitive Faults，NPSF）：一个贮存单元由于相邻贮存单元的活动导致状态不正确，一个贮存单元的相邻贮存单元可能有 5 个，也可能有 9 个。

贮存器的部件或程序的不同导致其故障类型也存在一定的差异性和通用性。具体表现为：不可变贮存器通常为所有一位故障/所有信息错误的 99.6%覆盖率；可变贮存器通常为 DC 故障/DC 故障和动态耦合故障；贮存器寻址通常为持续的 DC 故障。这导致其对应的故障检测方法也存在一定的通用性和差异性。具体检验方法会在下面给出具体解释说明。

2.4.1 不可变贮存器故障及故障检测方法

【内容】

贮存器故障及其检测措施如表 2.8 所示。

表 2.8 贮存器故障及其检测措施

组件	故障/错误	软件分类		可接受的措施
		B	C	
不可变贮存器	所有一位故障	rq	—	（1）周期修改的检查和 （2）多重检查和 （3）带有一位冗余的字保护
	所有信息错误的 99.6%覆盖率	—	rq	（1）由下述之一进行冗余 CPU 的比较： ①相互比较 ②独立硬件比较器 （2）带有比较的冗余贮存器 （3）周期循环冗余检查： ①单字 ②双字 （4）带有多位冗余的字保护

【注释】

不可变贮存器指的是那些在掉电后仍能保存数据的贮存器，一般用来存放程序，种类包括 EPROM、E2PROM、Masked ROM、Flash ROM 等。不可变贮存器的常见故障模式是所有一位故障和所有信息错误的 99.6%覆盖率故障。

所有一位故障产生的原因是软件代码中存在奇错误或偶错误，其故障现象（模式）为不可变贮存器不能正常工作。所有一位故障的影响为存放程序的不可变贮存器在掉电后仍能保存数据，而不能进行复位操作。

所有一位故障具体可采用周期修改的检查和、多重检查和及带有一位冗余的字保护检测方法。其中，周期修改的检查和较为简单，可以利用软件轻松实现。在不可变贮存器中，由于代码写入控制器后，这部分不会发生变化，因此，可以将程序安全相关的 ROM 进行检查和计算，并且检查和为唯一确定值。

所有信息错误的 99.6%覆盖率故障产生的原因是受到电气环境和宇宙射线的干扰，双通道数据存在差异或软件代码中存在奇错误或偶错误，其故障现象（模式）为 Flash/EPROM/RAM 内部贮存的数据会发生 0-1 的跳变，使得不可变贮存器不能正常工作。所有信息错误的 99.6%覆盖率故障的影响为程序运行不稳定、运行结果出错。

2.4.1.1　不可变贮存器故障检测方法

针对不可变贮存器故障，可接受的措施/检测方法分为以下几种类型。

（1）周期修改的检查和。

（2）多重检查和。

（3）带有一位冗余的字保护。

（4）由下述之一进行冗余 CPU 的比较：①相互比较；②独立硬件比较器。

（5）带有比较的冗余贮存器。

（6）周期循环冗余检查：①单字；②双字。

（7）带有多位冗余的字保护。

其中，具有 B 类软件功能的控制器的不可变贮存器的故障模式为所有一位故障，可接受的检测方法是上述第（1）～（3）种；具有 C 类软件功能的控制器的不可变贮存器的故障模式为所有信息错误的 99.6%覆盖率，可接受的检测方法是上述第（4）～（7）种。

前面提到，在不可变贮存器中，由于代码写入控制器后，这部分不会发生改变，因此，可将程序相关的 ROM 进行检查和计算，并且检查和为唯一确定值。测试原理是从需要检测的 ROM 首地址开始，对所有 ROM 中的内容进行求和，与预期求和值进行比较。下面详细展开具有 B 类软件功能的控制器的不可变贮存器可接受的故障检测方法。为了检测不可变贮存器的所有一位故障，可以对不可变贮存器采用周期修改的检查和、多重检查和及带有一位冗余的字保护（见 2.1.1.7 节）检测方法。

2.4.1.2　周期修改的检查和

1. 技术点含义

周期修改的检查和用来检测不可变贮存器中是否存在单个位故障。我们不希望系统内的不可变贮存器（如 ROM 和 EEPROM 贮存器）内保存的数据在程序执行期间发生变化。

2. 算法原理

周期修改的检查和要求首次计算得到的 CRC 参考值必须与之后重新计算的 CRC 的检

查和一致，否则表示出现错误。

3. 算法描述

周期修改的检查和没有规定必须使用特定的校验码，这里使用 CRC 多项式的方法计算数据的校验码。CRC 的多项式可采用 CRC-16 = 11000000000000101= 0X8005。

CRC 码的取码方式：首先将要传送的数据位后面补上 n-1 个 0，成为调整过后的数据位 $D(x)$，其间的 n-1 为产生器多项式中的最高次数，若最高次数为 4，则 n-1 就是 4，因此，在数据位的后面需要补上 4 个 0；其次将调整过后的数据位 $D(x)$ 除以产生器多项式 $G(x)$，得到余式 $R(x)$；然后将余式 $R(x)$ 与调整后的数据位 $D(x)$ 相加，以求得 CRC 码 $T(x)$ 信息；最后将 CRC 码 $T(x)$ 信息传递到接收端。CRC 码的检查方式是在接收端收到 CRC 码 $T(x)$ 信息后，同样除以多项式 $G(x)$，如果得到的余式是 0，则表示信息在传输过程中没有错误，因此，只要将收到的 CRC 码 $T(x)$ 信息由右到左去掉 n-1 位就是原先的数据位；反之，若得到的余式不为 0，则表示收到的数据是错误的。

在该算法中，设置一个 CRC 的标志位，此标志位为一个 8 位计数器，计数为 0X00~0XFF，如果继续增加，就复位为 0X00。当标志位的值为 0X00 时，计算得到的 CRC 值作为参考计算值。待标志位的值为 0XFF 时，再次计算 CRC 的值，将此时得到的值与 CRC 参考计算值进行比较，如果一致，则说明没有出现错误；否则发现错误。周期修改的检查和算法的具体流程如图 2.18 所示。

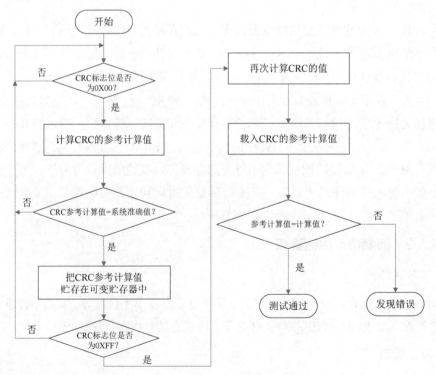

图 2.18　周期修改的检查和算法的具体流程

在图 2.18 中，系统准确值指的是不可变贮存器出厂时烧刻在 MCU 上的准确值。如果测试时没有此准确值，则可以跳过此步。

4．伪代码

周期修改的检查和的伪代码如下：

```
Procedure Periodic modified checksum
{
    if (CRC == 0X00)
    {
        计算 CRC 的参考值；
        保存计算参考值在 RAM 中；
    }
    else if (CRC==0XFF)
    {
        计算 CRC 的值；
        读入 CRC 的计算参考值；
        if(CRC 的值==CRC 的计算参考值)
            通过测试；
        else    发现错误；
    }
    else return;
}
```

2.4.1.3　多重检查和

1．技术点含义

多重检查和是将不可变贮存器中的信息序列分组，如以 k 个码元为一组，通过编码器把这 k 个码元按一定的规则产生 r 个校验码，并贮存长为 $n=k+r$ 的一个码组。在自检时，使用相同的算法形成一个检查和，并与该码组的校验码进行比较。

2．算法原理

在进行不可变贮存器的自检时，使用相同的算法为每一个分组产生一个检查和，并与该组已贮存的校验码进行比较。如果每个分组的检查和与该组已贮存的校验码都一致，则说明数据无误；否则说明数据出现错误。

3．算法描述

多重检查和校验码的产生方法与周期修改的检查和校验码的产生方法一样。具体实现参考周期修改的检查和。对于多重检查和的分组，可以采用每 8 位或每 16 位为一组，采用检查和、CRC 多项式等方法计算每个分组的校验码。多重检查和算法流程如图 2.19 所示。

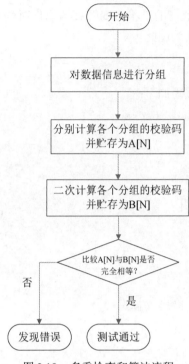

图 2.19 多重检查和算法流程

4．伪代码

多重检查和伪代码如下：

```
Procedure multiple checksum()
{
    计算不可变贮存器中每个分组的校验码 A[N]；
    贮存此校验码；
    再次读取不可变贮存器中的数据并计算每个分组的校验码 B[N]；
    if(数组 A[N]和数组 B[N]的每一项都相等)
        测试通过；
    else
        出现错误；
}
```

2.4.2 可变贮存器故障及故障检测方法

【内容】

可变贮存器故障及其检测措施如表 2.9 所示。

表 2.9 可变贮存器故障及其检测措施

组件	故障/错误	软件分类 B	软件分类 C	可接受的措施
可变贮存器	DC 故障	rq	—	(1) 周期静态贮存器测试 (2) 带有一位冗余的字保护
	DC 故障和动态耦合故障	—	rq	(1) 由下述之一进行冗余 CPU 的比较: ①相互比较 ②独立硬件比较器 (2) 具有比较的冗余贮存器 (3) 用下述之一进行周期性自检: ①走块式贮存器测试 ②阿伯拉翰测试 ③穿透式 GALPAT 测试 (4) 带有多位冗余的字保护

【注释】

可变贮存器指的是那些掉电后数据会丢失的贮存器,一般用来存放数据。可变贮存器的故障模式有 DC 故障模式和动态耦合故障模式。

DC 故障产生的原因包括静电、传导电磁骚扰、无线骚扰、机械损伤、软件中存在奇数位错误,其故障现象(模式)包括集成电路内部的 CMOS 管很容易击穿、信号失真、产生浪涌或脉冲群。DC 故障的影响为存放数据的可变贮存器在掉电后丢失数据。

DC 故障具体可采用周期静态贮存器测试或带有一位冗余的字保护检测方法。在可变贮存器的测试中,采用较多的一种算法是 Van de Goor 在 1991 年提出的 March C 算法,用式子可以简单表示为 $\{(w0); \Uparrow(r0,w1); \Uparrow(r1,w0); \Downarrow(r0,w1); \Downarrow(r1,w0); (r0)\}$,即写 0、低位至高位读 0 写 1、低位至高位读 1 写 0、高位至低位读 0 写 1、高位至低位读 1 写 0、读 0。

动态耦合故障产生的原因包括双通道数据存在差异、静态位错误、贮存器单元间界面中的错误、贮存器单元之间的绑定和耦合错误、所有一位和二位错误,其故障现象(模式)为故障单元的改变和相邻单元的改变。DC 故障和动态耦合故障的影响为存放数据的可变贮存器在掉电后丢失数据。

可变贮存器故障可接受的措施/检测方法如下。

(1) 周期静态贮存器测试。

(2) 带有一位冗余的字保护。

(3) 由下述之一进行冗余 CPU 的比较:①相互比较;②独立硬件比较器。

(4) 具有比较的冗余贮存器。

(5) 用下述之一进行周期性自检:①走块式贮存器测试;②阿伯拉翰测试;③穿透式

GALPAT 测试。

（6）带有多位冗余的字保护。

其中，具有 B 类软件功能的控制器的可变贮存器的故障模式为 DC 故障模式，可接受的检测方法是上述第（1）、（2）种；具有 C 类软件功能的控制器的可变贮存器的故障模式为 DC 故障模式和动态耦合故障模式，可接受的检测方法是上述第（3）～（6）种。

2.4.3 寻址故障及故障检测方法

【内容】

贮存器寻址故障及其检测措施如表 2.10 所示。

表 2.10 贮存器寻址故障及其检测措施

组件	故障/错误	软件分类 B	软件分类 C	可接受的措施
寻址（与可变和不可变贮存器相关的）	黏着性故障	rq	—	带有包括地址的一位奇偶校验的字保护
	DC 故障	—	rq	（1）由下述之一进行冗余 CPU 的比较： ①相互比较 ②独立硬件比较器 （2）全总线冗余 （3）试验形式 （4）周期循环冗余检查： ①单字 ②双字 （5）带有包括地址的多位冗余的字保护

【注释】

贮存器寻址即对贮存器进行访问过程中的取地址操作，这部分校验就是要求对寻址过程进行校验，确保寻址过程正确，确保程序执行过程中读取、写入的数据都是对设定的地址进行的。寻址分为对可变贮存器的寻址和对不可变贮存器的寻址。

贮存器寻址常见的故障有黏着性故障和 DC 故障。

贮存器寻址黏着性故障产生的原因是软件代码对贮存器内部地址的寻查识别错误，其故障现象（模式）包括：①在存取某一个特定地址时，没有对应的单元被实际存取；②在存取某一个特定地址时，有多于一个单元被实际存取；③某一个特定的单元永远不会被存取；④某一个特定单元会被多个地址存取。黏着性故障的影响为贮存器的寻址出现故障。

贮存器寻址 DC 故障产生的原因是地址解码器发生故障，前面提到，其故障现象（模式）包括：①对于某个确定的地址，没有相应的贮存单元与其对应；②对于某个确定的贮存单元，没有相应的地址选中它；③对于某一确定的地址，能同时选中两个或多个贮存单元；④多个地址同时选中同一个贮存单元。贮存器寻址 DC 故障的影响为无法正常进行数据的读取和贮存。

贮存器寻址故障可接受的措施/检测方法如下。

（1）带有包括地址的一位奇偶校验的字保护。

（2）由下述之一进行冗余 CPU 的比较：①相互比较；②独立硬件比较器。

（3）全总线冗余

（4）试验形式。

（5）周期循环冗余检查：① 单字；② 双字。

（6）带有包括地址的多位冗余的字保护。

其中，具有 B 类软件功能的控制器的贮存器寻址故障模式为黏着性故障模式，可接受的检测方法是上述第（1）种；具有 C 类软件功能的控制器的贮存器寻址故障模式为 DC 故障模式，可接受的检测方法是上述第（2）～（6）种。

具有 B 类软件功能的控制器的贮存器寻址故障仅有一种可接受的检测方法，即带有包括地址的一位奇偶校验的字保护。这种故障模式一般是针对使用了外部贮存器的 MCU 或使用了多个 MCU 来说的，对于单 MCU 且贮存器都为内部地址的情况，之前涉及的周期修改的检查和及周期静态贮存器测试便可满足要求。参考周期循环冗余检查，先检验贮存器相关任何位数据线是否短路或为 0 后不能置 1，再校验某位为 1 是否不能置 0。对于不可变贮存器寻址，读取预设地址贮存单元数据，与预设值进行比较，看是否满足条件，预设值通过程序仿真获取。对于可变贮存器，将预设地址贮存单元原始数据保存后，先赋值，再读取，最后比较，判断写、读过程中地址线是否发生故障。

2.5　内部数据路径故障及故障检测方法

本节列出了与内部数据路径相关的故障或故障模式。内部数据路径相关的部件或程序通常包括数据、寻址。下面详细介绍内部数据路径相关部件或程序对应的故障及其可接受的检测方法。

2.5.1　数据故障及故障检测方法

【内容】

数据故障及其检测措施如表 2.11 所示。

表 2.11 数据故障及其检测措施

组件	故障/错误	软件分类 B	软件分类 C	可接受的措施
数据	黏着性故障	rq	—	带有一位冗余的字保护
	DC 故障	—	rq	(1) 由下述之一进行冗余 CPU 的比较： ①相互比较 ②独立硬件比较器 (2) 带有包括地址的多位冗余的字保护 (3) 数据冗余 (4) 测试模式 (5) 协议测试

【注释】

数据常见的故障模式是黏着性故障模式和 DC 故障模式。

数据故障产生的原因包括：①静电；②传导电磁骚扰；③无线骚扰；④机械损伤。数据故障现象（模式）包括：①集成电路内部的 CMOS 管很容易击穿；②信号失真；③产生浪涌、脉冲群。数据故障的影响为存放数据的可变贮存器在掉电后丢失数据。

数据故障可接受的措施/检测方法如下。

（1）带有一位冗余的字保护。

（2）由下述之一进行冗余 CPU 的比较：①相互比较；②独立硬件比较器。

（3）带有包括地址的多位冗余的字保护。

（4）数据冗余。

（5）测试模式。

（6）协议测试。

其中，具有 B 类软件功能的控制器的数据故障模式为黏着性故障模式，可接受的检测方法是上述第（1）种；具有 C 类软件功能的控制器的数据故障模式为 DC 故障模式，可接受的检测方法是上述第（2）~（6）种。

具有 B 类软件功能的控制器的数据故障仅有一种可接受的检测方法，即带有一位冗余的字保护。这种故障模式一般是针对使用了外部贮存器的 MCU 或使用了多个 MCU 来说的，对于单 MCU 且贮存器都为内部地址的情况，之前涉及的周期修改的检查和及周期静态贮存器测试便可满足要求。内部数据测试可以理解为单片机的片内 RAM 传输测试、片外 RAM 传输测试，以及片内 RAM 和片外 RAM 之间数据传输的测试。内部数据测试中的带有一位冗余的字保护与寄存器测试中的带有一位冗余的字保护一致，详情参考 2.1.1.7 节。

2.5.2 寻址故障及故障检测方法

【内容】

内部数据路径寻址故障及其检测措施如表 2.12 所示。

表 2.12 内部数据路径寻址故障及其检测措施

组件	故障/错误	软件分类 B	软件分类 C	可接受的措施
内部数据路径寻址	错误地址	rq	—	带有包括地址的一位冗余的字保护
	错误地址和多次寻址	—	rq	（1）由下述之一进行冗余 CPU 的比较： ①相互比较； ②独立硬件比较器； （2）带有包括地址的多位冗余的字保护 （3）全总线冗余 （4）包括地址的测试模式

【注释】

内部数据路径寻址常见的故障模式是错误地址和多次寻址。

错误地址和多次寻址故障产生的原因是软件代码中对内部数据及其地址分布不正确，其故障现象（模式）包括：①在存取某一个特定地址时，没有对应的单元被实际存取；②在存取某一个特定地址时，有多于一个单元被实际存取；③某一个特定的单元永远不会被存取；④某一个特定单元会被多个地址存取。错误地址和多次寻址故障的影响为内部数据寻址出现故障。

内部数据路径寻址故障可接受的措施/检测方法如下。

（1）带有包括地址的一位冗余的字保护。

（2）由下述之一进行冗余 CPU 的比较：①相互比较；②独立硬件比较器。

（3）带有包括地址的多位冗余的字保护。

（4）全总线冗余。

（5）包括地址的测试模式。

其中，具有 B 类软件功能的控制器的内部数据路径寻址故障模式为错误地址，可接受的检测方法是上述第（1）种；具有 C 类软件功能的控制器的内部数据路径寻址故障模式为错误地址和多次寻址，可接受的检测方法是上述第（2）～（5）种。

2.6 外部通信故障及故障检测方法

本节主要考虑的是 MCU 和外部设备通信可靠性的保证。外部通信故障通常包括数据故障、寻址故障、计时故障 3 方面的内容，可以采用带有多位冗余的字保护、CRC-单字、传输冗余和协议测试等检测方法加以测试、解决故障，因为子故障之间存在差异，所以针对各个部件或程序类型的故障，分别有独特的检测方法。

带有多位冗余的字保护的应用可以参考前面。传输冗余指的是数据的传输，包括指令、运算结果、输出等都进行至少两次，以保证其可靠性。可以说，这种方法对 MCU 来说是最高效和最容易实现的，只要对软件代码稍做修改即可。协议测试根据具体的 MCU 的程序代码来确定。CRC-单字这一措施应该是应用范围较为广泛的，主要原理是对需要通信的数据按照一定的算法计算一个循环冗余检查和，即 CRC（Cyclic Redundancy Check），将这一检查和附加在数据上，数据接收方对此数据使用相同的算法计算出检查和，并与附加的检查和相比较来确定数据在传输过程中是否出现错误。一个符合国际电报电话咨询委员会（CCITT）的 16bit 规范的 CRC 校验例程如图 2.20 所示。

```
DO_CRC: PUSH ACC         ;保存输入数据
PUSH B                   ;保存B 寄存器
PUSH ACC                 ;再次保存
MOV B, #8                ;共有8 位数据
CRC_LOOP: XRL A, CRC
RRC A                    ;将最低位与输入数据的异或值放入进位标志中
MOV A, CRC
JNC ZERO
XRL A, #18H              ;当前CRC 码与18H 异或
ZERO: RRC A              ;右移1 位
MOV CRC, A               ;保存新CRC 码
POP ACC
RR A                     ;取出输入数据的第2 位
PUSH ACC
DJNZ B, CRC_LOOP         ;循环
POP ACC
POP B
POP ACC                  ;恢复各寄存器
RET
```

图 2.20　CRC 校验例程

CRC 检验值可通过计算得出，也可以用查表法实现。其中，计算法较占 CPU 的时间，但是节约贮存空间；而查表法则相反。对于不同的情况，可以按需选取。

2.6.1　数据故障及故障检测方法

【内容】

外部通信数据故障及其检测措施如表 2.13 所示。

表 2.13 外部通信数据故障及其检测措施

组件	故障/错误	软件分类 B	软件分类 C	可接受的措施
外部通信数据	汉明距离 3	rq	—	（1）带有多位冗余的字保护 （2）CRC-单字 （3）传输冗余 （4）协议测试
	汉明距离 4	—	rq	（1）CRC-双字 （2）数据冗余 （3）由下述之一进行冗余功能通道的比较： ①相互比较 ②独立硬件比较器

【注释】

外部通信数据常见的故障模式是汉明距离 3 和汉明距离 4。

外部通信数据故障产生的原因包括：①未进行数据冗余贮存；②未对双通道的数据进行比较；③存在一位或多位故障。外部通信数据故障现象（模式）为当外部通信数据存在异常或错误时，控制器未能识别。外部通信数据故障的影响为控制器直接读取错误或异常数据，导致预期功能未实现或出现控制器过流、过热、电击等危险。

2.6.1.1 数据错误检测方法

外部通信数据故障可接受的措施/检测方法如下。

（1）带有多位冗余的字保护。

（2）CRC-单字。

（3）传输冗余。

（4）协议测试。

（5）CRC-双字。

（6）数据冗余。

（7）由下述之一进行冗余功能通道的比较：①相互比较；②独立硬件比较器。

其中，具有 B 类软件功能的控制器的外部通信数据故障模式为汉明距离 3，可接受的检测方法是上述第（1）～（4）种；具有 C 类软件功能的控制器的外部通信数据故障模式为汉明距离 4，可接受的检测方法是上述第（5）～（7）种。

下面详细展开具有 B 类软件功能的控制器的外部通信数据故障可接受的检测方法。

2.6.1.2 带有多位冗余的字保护

1. 技术点含义

带有多位冗余的字保护是指按某种算法（函数）为每个要被测试的数据字（16位）产生多于1位的冗余数据，冗余数据作为校验码，用于被测数据的奇偶校验。例如，可以生成被测数据的汉明码作为校验码，汉明码可以检测出所有的一位错误和二位错误，以及一些三位或三位以上的错误。

当带有多位冗余的字保护用于外部通信数据测试时，冗余数据位和实际要传输的数据一起传输，系统在收到外部设备送来的数据后，对数据进行奇偶校验，判断系统与外部设备之间的数据通信是否出错，若出错，则可采取重传或纠错等措施。

2. 算法原理

为传输数据中的每个字产生多位汉明校验码（冗余数据），系统收到数据后，根据汉明码校验数据在传输过程中是否出错。

3. 算法描述

外部设备在向系统发送数据之前，要为每个字生成多位的校验码。例如，为每个字生成汉明码，要检测16位数据是否发生错误，需要5位汉明码。在汉明码中，要检测 n 位数据的错误，需要 k 位校验码，其中 k 满足 $2k > k+n+1$，因此，如果要传送的16位数据是 $D_1, D_2, \cdots, D_{16}$，则5位汉明码是 $H_1, H_2, \cdots, H_5$，这21位数据构成要传输的数据，即 $M_1, M_2, M_3, \cdots, M_{21}$，其中，$M_{2^{i-1}} = H_i$（$i=1,2,3,4,5$），其他的16位 M_j 从低位到高位与 $D_1, D_2, \cdots, D_{16}$ 分别一一对应。

要传送的16位数据是已知的，而5位汉明码是未知的，先假设它们全部为0。引入5位数据 $P_1 \sim P_5$，P_i 的取值是 M_j 的异或，其中 $j=(b_1 b_2 b_3 b_4 b_5)_2$，$b_i=1$，$b_{k \neq i}=0,1$，即

$$\begin{aligned}
P_1 &= M_1 \oplus M_3 \oplus \cdots \oplus M_{19} \oplus M_{21} \\
P_2 &= M_2 \oplus M_3 \oplus M_6 \oplus M_7 \oplus M_{10} \oplus M_{11} \oplus M_{14} \oplus M_{15} \oplus M_{18} \oplus M_{19} \\
P_3 &= M_4 \oplus M_5 \oplus M_6 \oplus M_7 \oplus M_{12} \oplus M_{13} \oplus M_{14} \oplus M_{15} \oplus M_{20} \oplus M_{21} \\
P_4 &= M_8 \oplus M_9 \oplus M_{10} \oplus M_{11} \oplus M_{12} \oplus M_{13} \oplus M_{14} \oplus M_{15} \\
P_5 &= M_{16} \oplus M_{17} \oplus M_{18} \oplus M_{19} \oplus M_{20} \oplus M_{21}
\end{aligned} \quad (2.1)$$

即

$$\begin{aligned}
P_1 &= H_1 \oplus D_1 \oplus D_2 \oplus D_4 \oplus D_5 \oplus D_7 \oplus D_9 \oplus D_{11} \oplus D_{12} \oplus D_{14} \oplus D_{16} \\
P_2 &= H_2 \oplus D_1 \oplus D_3 \oplus D_4 \oplus D_6 \oplus D_7 \oplus D_{10} \oplus D_{11} \oplus D_{13} \oplus D_{14} \\
P_3 &= H_3 \oplus D_2 \oplus D_3 \oplus D_4 \oplus D_8 \oplus D_9 \oplus D_{10} \oplus D_{11} \oplus D_{15} \oplus D_{16} \\
P_4 &= H_4 \oplus D_5 \oplus D_6 \oplus D_7 \oplus D_8 \oplus D_9 \oplus D_{10} \oplus D_{11} \\
P_5 &= H_5 \oplus D_{12} \oplus D_{13} \oplus D_{14} \oplus D_{15} \oplus D_{16}
\end{aligned} \quad (2.2)$$

最后，令 $H_1=P_1$，$H_2=P_2$，$H_3=P_3$，$H_4=P_4$，$H_5=P_5$，则得到外部设备要传送的数据。

系统收到来自外部设备的数据后，要对每个字的数据（16位原始数据+5位汉明码）再次使用式（2.1）求 $P_1 \sim P_5$，若它们全为0，则数据无误；否则第 $(P_1P_2P_3P_4P_5)_2$ 位出错。例如，若求得 $(P_1P_2P_3P_4P_5)_2=(10001)_2$，则说明第17位出错。

以上算法可以检测出一位错误，如果要检测出多位错误，则需要使用一组汉明码（汉明码矩阵）来实现。

4．伪代码

带有多位冗余的字保护的伪代码如下：

```
P₁P₂P₃P₄P₅=H₁H₂H₃H₄H₅=00000
M= M₁M₂M₃…M₂₁=H₁H₂D₁H₃D₂D₃D₄H₄D₅D₆D₇D₈D₉D₁₀D₁₁ H₅D₁₂ D₁₃D₁₄D₁₅D₁₆
//求 P₁
D←M
for i=1 to 11
P1= P1⊕(D%2)
    D=D/4
//求 P₂
D=M/2
for i=1 to 5
    P2=P2⊕(D%2)⊕(D/2%2)
    D=D/4
//求 P₃
D←M/4
i=4
while(i<=21)
{
    for(j=i;j<i+4;j++)
        if(j<=21)  P₃=P₃⊕Mⱼ
    i←i+8
}
//求 P₄
D=M/8
i=8
while(i<=21)
{
    for(j=i;j<i+8;j++)
        if(j<=21)  P₃=P₃⊕Mⱼ
    i←i+16
}
//求 P₅
D=M/16
```

```
i=16
while(i<=21)
{
    for(j=i;j<i+16;j++)
        if(j<=21)  P₃=P₃⊕Mⱼ
    i←i+16
}
H₁H₂H₃H₄H₅ ←P₁P₂P₃P₄P₅
```

当系统检错时，使用同上的算法求 $P_1 \sim P_5$。

2.6.1.3 CRC-单字

1. 技术点含义

外部通信数据的 CRC-单字是指利用 CRC 多项式计算传输数据的 CRC 码，生成一个字（16 位）的校验数据，将检查和（16 位二进制代码）附加在数据（二进制代码）后，生成实际传输的数据。系统收到数据后，采用相同的 CRC 多项式对实际传输的数据进行模 2 除法，若余数为 0，则说明数据未出错，还原数据得到原始数据；否则，说明数据在传输过程中发生了错误，需要采取纠错（可以的话）或重传等措施。

理论和实践统计，对于采用 16 次生成多项式的 CRC-单字检测，超过 17 个连续位的错误检出率为 99.9969%，其他位长度的错误检出率可达 99.9984%。

对于 16 位 CRC 码，常用的生成多项式有两种，分别如下。

（1）CRC-16（美国二进制同步系统中采用）：

$$g(x) = x^{16} + x^{15} + x^2 + 1$$

对应的 CRC-16 常数为 8005H。

（2）CRC-CCITT（由 CC ITT 推荐）：

$$g(x) = x^{16} + x^{12} + x^5 + 1$$

对应的 CRC-CCITT 常数为 1021H。

2. 算法原理

在一个 k 位二进制信息序列之后附加一个 r 位二进制序列，从而构成一个总长为 $n = k + r$ 位的二进制序列。附加在 k 位信息序列之后的 r 位校验码与信息序列之间存在着某种特定的关系（由生成多项式决定）。如果由于干扰等原因使数据传输错误，数据序列中的某一位或某些位发生错误，那么这种特定的关系会被破坏。因此，通过检查这一特定的关系，就可以实现对数据正确性的校验。

3. 算法描述

CRC 码是由两部分组成的，前部分是信息码，就是需要校验的信息；后部分是校验码，如果 CRC 码为 n 位,信息码为 k 位,就称为(n,k)码。校验码为 r 位,$k+r=n$。采用 CRC-单字检错的过程如下。

(1) 将原信息码左移 r 位。

(2) 运用一个生成多项式 $g(x) = x^{16} + x^{12} + x^5 + 1$,用模 2 除法除以多项式,得到的余数就是校验码。

(3) 将校验码附在原信息码后面,构成 $n=k+r$ 位数据发送出去。

(4) 系统收到数据后,用相同的多项式进行模 2 除法运算,若余数为 0,则数据正确;否则返回错误值。

4. 伪代码

CRC-单字的伪代码如下。

编码:

```
M=D₁D₂···Dn···Dn+16= D₁D₂···Dn *2¹⁶         //原信息码 D₁D₂···Dn 左移 16 位
R=Division_mod2 (M, (11000000000000101)₂)
//M 模 2 除以 g (x) = x¹⁶ + x¹⁵ + x² + 1 对应的二进制数,得余数 R
//或者 R=Division_mod (M, (10001000000100001)₂)
//此时 M 模 2 除以 g(x) = x¹⁶ + x¹² + x⁵ + 1 对应的二进制数
M' = D₁D₂···Dn···Dn+16 ← D₁D₂···Dn···Dn+16+R
//将 r 位余数 R 加在已经左移 r 位的数据后,得到数据 M'
//此时即可发送
```

检错:

```
R'= Division_mod2 (M', (11000000000000101)₂)
//采用同一个多项式进行模 2 除法,得余数 R'
if (R'==0) return OK
else return R'
//如果余数为 0,则数据无误;否则,返回余数
//系统根据余数判断出错位置,进行纠错
```

2.6.1.4 传输冗余

在传输冗余计数中,数据连续传输至少两次,比较每一次收到的数据是否一致,如果每次收到的数据都一致,那么传输过程未出错;否则数据出错,应采取某种策略纠错(可以的话),或者以传输冗余技术进行重传。

传输冗余可以说是最划算的、最容易实施的一种数据传输检测技术,只需简单修改一下传输协议,使连续数据传输两次(或两次以上,一般是两次),系统会收到两次重复的数据,并比较数据,只有在确定数据无误后,才会使用数据。

2.6.1.5 协议测试

1. 技术点含义

系统与外设（外部设备）之间的通信协议是监督和管理通信双方之间数据交换的一整套规则。简言之，通信协议是对数据传送方式的规定，包括数据格式定义和数据位定义。

通信协议由语法、语义和定时关系 3 部分构成。语法规定了数据格式和信号电平等；语义规定了协议元素的内容和类型，包括用于相互协调及差错处理的控制信息；定时关系规定事件的执行顺序，如速度匹配、时序和应答关系等。例如，串行通信协议就是单片机中常用的一种通信协议。串行通信指数据一位一位地按顺序传送的通信方式。串行通信协议包括同步和异步两种。

异步串行通信协议规定了字符数据的传送格式，包括起始位、数据位、奇偶校验位、停止位和波特率设置位。例如，MCS-51 系列单片机的串口控制器（SCON）规定其有 4 种工作方式，即方式 0～3，每种工作方式对传输数据的格式定义都不一样。也就是说，通信协议不同，传送的数据位数和每一位的含义也不同。方式 1 传送一帧数据为 10 位，其中包括 1 位起始位、8 位数据位（先低位后高位）和 1 位停止位；方式 2 传送一帧数据为 11 位，包括 1 位起始位、8 位数据位、可程控为"0"或"1"的第 9 位数据位（可程控位）和 1 位停止位。

协议测试通过向计算机元件传输数据、从计算机元件接收数据并比较两个数据来测试系统与元件之间的内部数据通信协议是否正确。

当协议测试用于外部通信数据的测试时，通过检测通信协议（传输协议）的错误来发现传输数据的错误，因为如果传输协议出错了，那么系统收到的数据一般也是错误的。

2. 算法原理

系统将数据传送给外设，外设将数据返回给系统，系统通过比较发送给外设的数据和从外设接收的数据来判断通信协议是否正确。

3. 算法描述

以工作于方式 2 的 MCS-51 单片机为例，协议测试的算法流程如下。

（1）系统以方式 2 规定的通信协议给外设发送一个 11 位的数据。

（2）外设收到数据后，根据其自身遵循的通信协议识别出其中除 1 位起始位、1 位可程控位和 1 位停止位以外的 8 位数据。如果双方通信协议无误，那么外设和系统使用的通信协议是一致的。

（3）外设根据自己的通信协议把收到的 8 位数据发送系统。如果通信协议无误，那么共发送 11 位。

（4）系统接收从外设传来的数据，把该数据与之前发送给外设的数据进行比较，若数据的位数及每一位对应的二进制数都相等,则协议正确;否则协议测试未通过,返回错误代码。

协议测试的算法流程如图 2.21 所示。

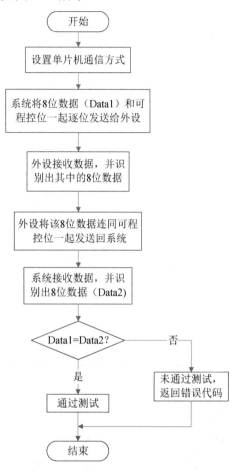

图 2.21 协议测试的算法流程图

4．伪代码

协议测试的伪代码如下。

系统端:

```
Write 10111100 to SCON      //设置MCS-51单片机的工作方式：方式2
Data1=10101010
Send Data1 to Add
//向某外设的地址（接口）发送一个数据，这里假设发送10101010
Receive Data2 from Add
if(Data1==Data2) return OK
else return Data1-Data2
//如果发送的数据和接收的数据不等，则未通过测试
//此时返回两数据的差值，系统根据差值可判断协议错误的类型
```

外设端：

```
Receive Data
Send Data
```

2.6.2 寻址故障及故障检测方法

【内容】

外部通信寻址故障及其检测措施如表 2.14 所示。

表 2.14 外部通信寻址故障及其检测措施

组件	故障/错误	软件分类 B	软件分类 C	可接受的措施
外部通信寻址	错误地址	rq	—	（1）带有包括地址的多位冗余的字保护 （2）包括地址的 CRC-单字 （3）传输冗余 （4）协议测试
	错误地址和多次寻址	—	rq	（1）包括地址的 CRC-双字 （2）数据和地址的全总线冗余 （3）由下述之一进行冗余通信通道的比较： ①相互比较 ②独立硬件比较器

【注释】

外部通信寻址常见的故障模式是错误地址和多次寻址。

外部通信寻址的错误地址故障产生的原因包括：①一位或多位错误；②字未进行奇偶校验；③内部通信协议错误；④传输过程中的偶发错误。外部通信寻址的错误地址故障现象（模式）包括：①在存取某一个特定地址时，没有对应的单元被实际存取；②在存取某一个特定地址时，有多于一个单元被实际存取；③某一个特定单元永远不会被存取；④某一个特定单元会被多个地址存取。外部通信寻址的错误地址故障的影响是电子控制器无法读取正确地址中的值。

外部通信寻址的错误地址和多次寻址故障产生的原因包括：①无冗余总线；②未对双通道数据进行比较；③一位和多位错误。外部通信寻址的错误地址和多次寻址故障现象（模式）包括：①在存取某一个特定地址时，没有对应的单元被实际存取；②在存取某一个特定地址时，有多于一个单元被实际存取；③某一个特定单元永远不会被存取；④某一个特定单元会被多个地址存取。外部通信寻址的错误地址和多次寻址故障的影响为电子控制器寻址错误或重复对单一地址进行寻址，从而导致寻址错误。

外部通信寻址故障可接受的措施/检测方法如下。

（1）带有包括地址的多位冗余的字保护。

（2）包括地址的 CRC-单字。

（3）传输冗余。

（4）协议测试。

（5）包括地址的 CRC-双字。

（6）数据和地址的全总线冗余。

（7）由下述之一进行冗余通信通道的比较：①相互比较；②独立硬件比较器。

其中，具有 B 类软件功能的控制器的外部通信寻址故障模式为错误地址，可接受的检测方法是上述第（1）～（4）种；具有 C 类软件功能的控制器的外部通信寻址故障模式为错误地址和多次寻址，可接受的检测方法是上述第（5）～（7）种。

当系统与多台从机通信时，要先寻址，再传送数据。寻址就像传送数据一样，也是通过端口把地址信息传送出去的。因此，寻址测试可以采用与数据测试同样的方法进行，对传送的地址信息采取带有多位冗余的字保护、CRC-单字等方式验证地址信息在传输中是否发生错误；或者通过传输冗余技术，寻址两次或两次以上，即发送两次或两次以上的地址信息，这样也可以检测出地址信息因干扰发生的错误。同理，如果传输协议出错，那么外设收到的地址数据也会发生错误，因此，为了保证寻址正确，要进行协议测试。

2.6.3 计时故障及故障检测方法

【内容】

外部通信计时故障及其检测措施如表 2.15 所示。

表 2.15 外部通信计时故障及其检测措施

组件	故障/错误	软件分类		可接受的措施
		B	C	
外部通信计时	错误的时间指针	rq	—	（1）时隙监测 （2）预定的传输
		—	rq	（1）时隙和逻辑监测 （2）由下述之一进行冗余通信通道的比较： ①相互比较 ②独立硬件比较器
	错误序列	rq	—	逻辑监测、时隙监测、预定的传输
		—	rq	（1）时隙和逻辑监测 （2）由下述之一进行冗余通信通道的比较： ①相互比较 ②独立硬件比较器

【注释】

外部通信计时常见的故障模式是错误的时间指针和错误序列。

错误的时间指针故障产生的原因是时间指针错误，其故障现象（模式）为外部输入数据与贮存预期值不一致。错误的时间指针故障的影响为计时器或计数器出现故障，无法准确计时或计数。

错误序列故障产生的原因是序列错误，其故障现象（模式）为外部输入数据与贮存预期值不一致。错误序列故障的影响为计时器或计数器出现故障，无法准确计时或计数。

2.6.3.1 计时故障检测方法

外部通信计时的错误的时间指针故障可接受的措施/检测方法如下。

（1）时隙监测。

（2）预定的传输。

（3）时隙和逻辑监测。

（4）由下述之一进行冗余通信通道的比较：①相互比较；②独立硬件比较器。

其中，具有 B 类软件功能的控制器的外部通信计时的错误的时间指针故障可接受的检测方法是上述第（1）、（2）种，具有 C 类软件功能的控制器可接受的检测方法是上述第（3）、（4）种。

波特率保证了通信双方收发数据的同步，一旦定时发生错误，波特率就会随之错误，这将导致发送方在错误的时间点发送数据和数据顺序错误等问题。为了检测外部通信计时是否有错，可以采取时隙监测和预定的传输两种检测方式。另外，还可以采取逻辑监测技术检测数据顺序的错误。

外部通信计时的错误序列故障可接受的措施/检测方法如下。

（1）逻辑监测。

（2）时隙监测。

（3）预定的传输。

（4）时隙和逻辑监测。

（5）由下述之一进行冗余通信通道的比较：①相互比较；②独立硬件比较器。

其中，具有 B 类软件功能的控制器的外部通信计时的错误序列故障可接受的检测方法是上述第（1）～（3）种，具有 C 类软件功能的控制器可接受的检测方法是上述第（4）、（5）种。

2.6.3.2 时隙监测

1. 技术点含义

同其他时隙监测一样，外部通信定时的时隙监测也是由一个基于独立时基的定时器周期性地触发外部通信监测程序来检测定时是否有错的。

监测过程是：发送通信测试数据，定时器也被清零并开始计时，一帧数据发送完毕，使定时器停止计数，读出定时器的计数，计算发送这一帧数据的实际波特率与预定的波特率是否相等，以此来测试外部通信的定时。

2. 算法原理

波特率决定了每一位数据的传送时间，因此每一帧数据的传送时间是确定的。通过测试每一帧数据的传送时间，就可以测试外部通信的定时。

3. 算法描述

在测试过程中，可以采用同步通信方式，也可以采用异步通信方式，在此以采用异步通信方式为例。定时器T（T0或T1）作为波特率发生器，带有独立时基的外接芯片作为监测用的定时器。算法描述如下。

（1）设定T的工作方式和初值。

（2）设定串口的工作方式。T的初值和串口的工作方式决定了一帧数据的长度（n）和波特率B。

（3）在被测芯片中设定一个周期时间，等待一定时间后触发检测。

（4）开始连续发送数据，在第一次收到数据时，启动外接芯片的定时器。

（5）在第二次收到数据时，停止外接芯片的定时器计数。

（6）读出芯片的计数，计算出对应的时间。

（7）判断此时间是否等于n/B，若相等，则通过测试，重置外接芯片。

如果采用同步通信方式，则波特率为系统时钟频率f_{osc}，如果时钟正确，那么周期=n/f_{osc}。计时测试的时隙监测算法流程如图2.22所示。

4. 伪代码

计时测试的时隙监测的伪代码如下：

```
while(Count%1000==0);
Write TMOD;                    //设置定时器的工作方式
Write T;                       //设置计时初值
Write SCON;                    //设置串口的工作方式
Write data to SBUF(0x99H);     //把待传送的数据写入发送缓冲器（地址为99H），便开始发送
Start T0;
```

```
while(TI==0) ;                    //如果数据发送完,则TI=1
STOP T0;
if (T0.Time==n/B) { reset T0; return OK; }
else return ERROR;
```

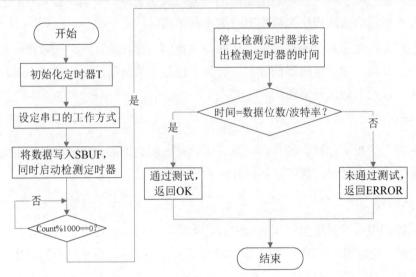

图 2.22 计时测试的时隙监测算法流程

2.6.3.3 预定的传输

1．技术点含义

预定的传输是指设置一段通信程序,这段通信程序只能在特定的时间以特定的顺序发送数据,否则接收方在收到数据后,将会认为通信发生错误。例如,在串行总线处于悬浮状态时,尽管发送方没有发送数据,但是由于总线受到干扰,所以接收方也会采样到错误的数据。

当采取预定的传输方式测试外部通信中发送时间点错误或数据顺序错误时,通信双方采取异步串行通信方式,双方约定一个发送数据的时间和一个特定顺序的数据串,接收方通过检测发送方的发送时间和发送的数据是否正确来判断通信是否发生错误。

2．算法原理

通信双方同时开始计时,主机时间 T 后发送数据 D,从机检测到数据起始位,停止计时,得到时间 T',判断 T 是否等于 T',以及收到的数据 D'是否等于 D,如果均相等,那么通过测试;否则报错。

3．算法描述

(1) 设定定时器 T0 和计数器 T1 的工作方式。

(2) 设定串口的工作方式。

(3) 主机开始计时，并发送一个信号通知从机开始计时。

(4) 时间 T 到，主机开始向从机发送数据 D。

(5) 从机检测到数据起始位，停止计时，读定时器，得到时间 T'。

(6) 判断 T'是否等于 T，如果不相等，就向从机发回一个错误代码。

(7) 从机判断收到的数据 D'是否等于 D，如果不相等，就向主机发送一个错误代码。

(8) 主机收到错误代码后，使系统进入安全状态。

预定的传输的算法流程如图 2.23 所示。

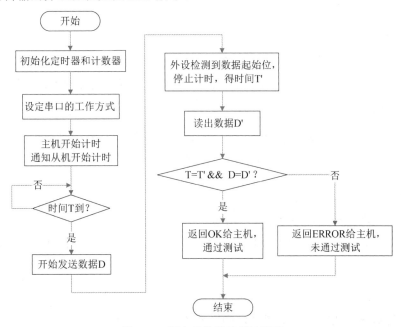

图 2.23　预定的传输的算法流程

4．伪代码

预定的传输检测的伪代码如下。

主机伪代码：

```
Write TMOD;                              //设置定时器 T0 和计数器 T1 的工作方式
Write T0;                                //T0 作为波特率发生器
Write T1;                                //T1 计时，控制数据发送时间
TR0=1;                                   //T0 开始工作
TR1=1;                                   //T1 开始计时
Send a message to Slave;                 //通知从机开始计时
Write Data1 to SBUF;
while( not received ACK from Slave ) ;   //等待从机响应
if (ACK==ERROR) reset system;            //从机发回错误报告，重置系统
```

从机伪代码：

```
Write TMOD;
Write T;
if (receive a message from Master) TR=1;    //从主机收到通知开始计时
if (RI==1) Set GATE=0;                       //使定时器门控位=0,停止计时
Read T;
Read Data2 from SBUF
if(T==T1+n*B && Data1==Data2)                //判断发送时间和数据
   ACK=OK;
else ACK=ERROR;
```

2.6.3.4 逻辑监测

1. 技术点含义

外部通信定时的逻辑监测在传送的数据串中的某些位置插入一些特殊码型的字符,如回车键"Enter",从设备收到数据后检测数据串的相应位置是否是双方约定的字符。

2. 算法原理

通信双方约定传送一特殊码型的字符,接收方检测收到的数据是否为约定的特殊码型的字符,因为定时错误必将导致接收方收到错误的字符。

3. 算法描述

(1) 开始发送数据,设定计数 Count=0。

(2)如果有待发送数据,则将待发送数据的一个字节写入发送缓冲器,Count←Count+1。

(3) 如果 Count<N,则返回第(2)步。

(4) 如果 Count=N,则将特殊码型的字符写入发送缓冲器,接收方判断收到的数据是否为约定的特殊码型的字符,如果是,则抛弃数据;否则向主机报告通信错误,主机使系统重置。

(5) 如果数据没有发送完,则返回第(1)步;否则,完成数据的传输。

计时测试的逻辑监测流程如图 2.24 所示。

4. 伪代码

以异步串行通信为例,在同步通信中,同样是每隔 N 个字节发送一个特殊码型的字符 C 来作为验证符。

计时测试的逻辑监测的伪代码如下。

主机伪代码:

```
Write TMOD;                    //设置定时器 T0 的工作方式
Write T0;                      //T0 作为波特率发生器
TR0=1;                         //T0 开始工作
while (数据未发送完)
```

```
{
    Count=0;
    while(Count<N)
    {
        Write data to SBUF;
        Count=Count+1;
    }
    Write C to SBUF;
    while(not receive ACK from Slave);
    if(ACK==ERROR)Reset system;
}
```

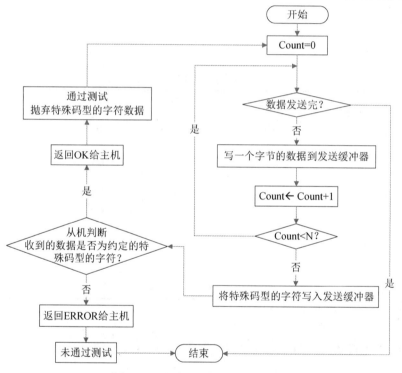

图 2.24 计时测试的逻辑监测流程

从机伪代码：

```
Count=0;
while (数据未发送完)
{
    Read data from SBUF;
    Count=Count+1;
    if(Count==N+1)
        if(data==C){ACK=OK; Desert data; Count=0;}
        else ACK=Error;
}
```

2.7 外围 I/O 故障及故障检测方法

本节列出了与外围 I/O 部件或程序相关的故障或故障模式。I/O 相关的部件或程序包括数字 I/O 和模拟 I/O，其中模拟 I/O 又分为 A/D 和 D/A 转换器及模拟多重通道。下面详细介绍 I/O 相关部件或程序对应的故障及其可接受的检测方法。

2.7.1 数字 I/O 故障及故障检测方法

【内容】

数字 I/O 故障及其检测措施如表 2.16 所示。

表 2.16 数字 I/O 故障及其检测措施

组件	故障/错误	软件分类		可接受的措施
		B	C	
数字 I/O	表 H.27 中规定的故障条件	rq	—	似真性检查
		—	rq	（1）由下述之一进行冗余 CPU 的比较： ①相互比较 ②独立硬件比较器 （2）输入比较 （3）多路平行输出 （4）输出验证 （5）测试模式 （6）代码安全

【注释】

数字 I/O 的故障类型是标准表 H.27 中规定的故障条件，常包括输入数据有误和 I/O 接口功能异常。

输入数据有误故障产生的原因包括：①输入不在规定的偏差范围内；②操作错误；③输出缺陷；④输入和输出信息中偶然的和/或系统的错误。输入数据有误故障现象（模式）为电子控制器过热、过流、无数据、数据丢失等。输入数据有误故障的影响为影响电子控制器的输入/输出功能。

I/O 接口功能异常故障产生的原因是 I/O 接口功能异常，其故障现象（模式）为通过 I/O 接口输出数据到外部，并通过 I/O 接口把输出数据读入，查看到 I/O 读入的数据与输出数据不相等。I/O 接口功能异常故障的影响为数字 I/O 接口功能异常，无法正常实现数字 I/O 接口功能。

2.7.1.1 数字 I/O 故障检测方法

数字 I/O 故障可接受的措施/检测方法如下。

（1）似真性检查。

（2）由下述之一进行冗余 CPU 的比较：①相互比较；②独立硬件比较器。

（3）输入比较。

（4）多路平行输出。

（5）输出验证。

（6）测试模式。

（7）代码安全。

其中，具有 B 类软件功能的控制器的数字 I/O 故障可接受的检测方法是上述第（1）种；具有 C 类软件功能的控制器的数字 I/O 故障可接受的检测方法是上述第（2）～（7）种。

下面详细展开具有 B 类软件功能的控制器的数字 I/O 故障可接受的检测方法。

2.7.1.2 似真性检查

1. 技术点含义

似真性检查一般指产品量产前的检查，是检测程序的执行、输入、输出是否出现不允许的程序顺序、计时、数据等错误的一种技术。对于电子控制器，主要通过对其施加短路、开路等故障条件，对元件分别施加超过其范围的操作条件等。通过施加这些条件，以确保电子控制器不会出现过热、过流、电击等危险。

数字 I/O 的似真性检查的目的是验证各 I/O 接口的功能是否正常，先通过 I/O 接口输出某一数据到外部，再通过 I/O 接口把该数据读入并验证该数据与输出的数据是否相等，若相等，则说明 I/O 接口功能正常。

2. 算法原理

通过 I/O 接口输出和写入同一数据，比较数据前后是否一致可以判断 I/O 接口功能是否正常。

3. 算法描述

似真性检查的流程如下，其流程图如图 2.25 所示。

（1）向 P0、P2 口送外部贮存器的地址 A。

（2）向 P0、P1 口送写入外部贮存器的数据 D1。

（3）向 P0、P2 口送外部贮存器的地址 A。

（4）从 P0、P1 口读入外部贮存器送来的数据 D2。

（5）如果 D1=D2，则通过测试；否则报错。

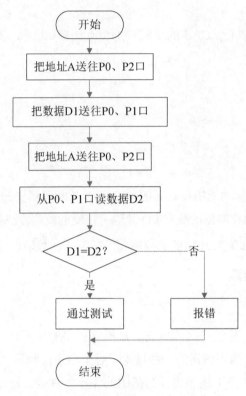

图 2.25　数字 I/O 的似真性检查流程图

4．伪代码

数字 I/O 的似真性检查的伪代码如下：

```
DPTR←add;                //把外部数据贮存器地址存放到数据指针 DPTR 中
*DPTR←data1;             //把数据写入外部数据贮存器中
data2←*DPTR;             //从外部数据贮存器中读出数据
if (data1==data2) return OK;
else return ERROR;
```

2.7.2　模拟 I/O 故障及故障检测方法

【内容】

模拟 I/O 故障及其检测措施如表 2.17 所示。

表 2.17　模拟 I/O 故障及其检测措施

组件	故障/错误	软件分类 B	软件分类 C	可接受的措施
A/D 和 D/A 转换器	表 H.27 中规定的故障条件	rq	—	似真性检查
		—	rq	(1) 由下述之一进行冗余 CPU 的比较： ①相互比较 ②独立硬件比较器 (2) 输入比较 (3) 多路平行输出 (4) 输出检验 (5) 测试模式
模拟多重通道	错误寻址	rq	—	似真性检查
		—	rq	(1) 由下述之一进行冗余 CPU 的比较： ①相互比较 ②独立硬件比较器 (2) 输入比较 (3) 测试模式

【注释】

模拟 I/O 的组件分为 A/D 和 D/A 转换器及模拟多重通道。

A/D 和 D/A 转换器连接单片机的 I/O 接口。例如，MCS-51 有 4 个并行的 I/O 接口，分别为 P0、P1、P2 和 P3。单片机输出的数字信号经 I/O 接口输出到 D/A 转换器中，D/A 转换器将该数字信号转换为模拟信号，输送到传输线路中；同理，A/D 转换器接收传输线路上的模拟信号并转换成数字信号，送往单片机的 I/O 接口。

A/D 和 D/A 转换器的故障类型是标准表 H.27 中规定的故障条件，包括 A/D 转换器故障和 D/A 转换器故障。

A/D 转换器故障现象（模式）为将数据 D1（预期正常 A/D 转换后的数据为 B1）送往 A/D 转换器，读取变换后的数据 A1，A1 不等于 B1，故障影响为模拟 I/O 转换出现故障。

D/A 转换器故障现象（模式）为将数据 D1 送往 D/A 转换器，读取 A/D 转换器（确保 A/D 转换器无故障）的转换结果 D2，D1 不等于 D2，故障影响为模拟 I/O 转换出现故障。

模拟多重通道的故障类型是错误寻址。错误寻址故障产生的原因是多路地址的选择混乱，其故障现象（模式）为 8 路模拟输入端分别输入不同的电压值，读取每个转换结果并与输入电压值对应的数据对比，发现存在 2 路以上的数据不一致。错误寻址故障的影响是模拟 I/O 转换出现故障。

2.7.2.1 模拟 I/O 故障检测方法

针对 A/D 和 D/A 转换器故障，可接受的措施/检测方法如下。

(1)似真性检查。

(2)由下述之一进行冗余 CPU 的比较:①相互比较;②独立硬件比较器。

(3)输入比较。

(4)多路平行输出。

(5)输出检验。

(6)测试模式。

其中,具有 B 类软件功能的控制器的 A/D 和 D/A 转换器故障可接受的检测方法是上述第(1)种,具有 C 类软件功能的控制器的 A/D 和 D/A 转换器故障可接受的检测方法是上述第(2)~(6)种。

针对模拟多重通道故障,可接受的措施/检测方法如下。

(1)似真性检查。

(2)由下述之一进行冗余 CPU 的比较:①相互比较;②独立硬件比较器。

(3)输入比较。

(4)测试模式。

其中,具有 B 类软件功能的控制器的模拟多重通道故障可接受的检测方法是上述第(1)种,具有 C 类软件功能的控制器的模拟多重通道故障可接受的检测方法是上述第(2)~(4)种。

下面详细展开具有 B 类软件功能的控制器的模拟 I/O 可接受的故障检测方法。

2.7.2.2　A/D 和 D/A 转换器的似真性检查

1. 技术点含义

A/D 转换器的似真性检查是向 A/D 转换器输入一特定的电压值,读取经转换得到的数字,并与预算的数字进行比较,若相等,则说明 A/D 转换器功能正常。

D/A 转换器的似真性检查要通过 A/D 转换器来实现:将一数据输出到 D/A 转换器中,将得到的模拟输出作为 A/D 转换器的输入,比较输出到 D/A 转换器中的数据和从 A/D 转换器中读入的数据是否相等,若相等,则说明 A/D 转换器的功能是正常的。

为了对 A/D 和 D/A 转换器进行测试,当 A/D 转换器的模拟门有多余的输入端时,可以把一个多余的输入端接上固定的校准电平。在启动 A/D 转换器工作时,先对固定的校准电平进行转换,判断所得的数据,从而得知模拟门和 A/D 转换器是否正常工作。同时,在设计 D/A 转换器时,一方面将 D/A 转换器的输出连接外设,另一方面将其连接 A/D 转换器的一个模拟输入端。例如,把 A/D 转换器的 IN7 作为校准电平的输入端,将 D/A 转换器的输出连接 A/D 转换器的 IN0 端。A/D 转换器利用 8255 与总线相连,将 8255 的 A 口作为数据输入接口,将 PB0~PB2 连接 A/D 转换器的 ADDA、ADDB、ADDC 端,用于 A/D 路地址的选择。

2. 算法原理

给定一电压值(模拟输入),A/D 转换器转换的数字输出是确定的,而且数字经过 D/A 和 A/D 转换之后不变。

3. 算法描述

检测算法流程如下,其流程图如图 2.26 所示。

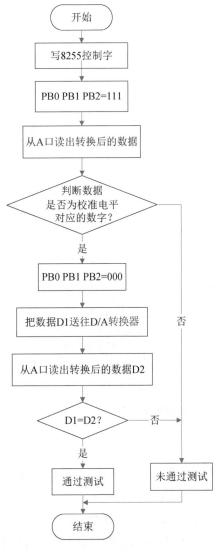

图 2.26 A/D 和 D/A 转换器的似真性检查流程图

(1)送路地址选择 IN7 作为模拟输入端。

（2）读取变换后的数据。

（3）如果数据与预知数据相等，则说明 A/D 转换器功能正常。

（4）送路地址选择 IN0 作为模拟输入端。

（5）将一个数据 D1 送往 D/A 转换器。

（6）读取 A/D 转换器的转换结果 D2。

（7）如果 D1=D2，那么 D/A 转换器的功能也正常。

4. 伪代码

A/D 和 D/A 转换器的似真性检查的伪代码如下：

```
DPTR←add_CR;              //将 8255 控制寄存器地址写入 DPTR
A←#10110100B;
*DPTR←A;                  //写 8255 控制字，A 口输入，B 口输出
DPTR← add_PB;
A←00000111;
*DPTR←A;                  //PB0 PB1 PB2=111,选择 IN7 作为/A/D 转换器的模拟输入端
DPTR←add_PA;
A←*DPTR;                  //读入转换结果
if (A!=D)                 //D 为校准电平对应的已知数据
    return ERROR;
else                      //如果 A/D 转换器通过测试，接着测试 D/A 转换器
    DPTR← add_PB;
A←00000000;
*DPTR←A;                  // PB0 PB1 PB2=000,选择 IN0 作为 A/D 转换器的模拟输入端
    DPTR←add_DA;
    A←D1;
    *DPTR←A;              //将测试数据 D1 送往 D/A 转换器
    DPTR← add_PA;
A←*DPTR;
if (A==D1)  return OK;    //经 D/A 和 A/D 转换后，数据不变
else return ERROR;
```

2.7.2.3 模拟多重通道的似真性检查

1. 技术点含义

A/D 转换器一般都有多路（8 路）模拟输入，可以通过编程进行路地址选择。模拟多路复用器的似真性检查就是要检测出 A/D 转换器能否正确地进行路地址的选择。

在测试过程中，各路模拟输入端连接不同的电压值，它们对应的转换数字结果也不相同，依次选择 IN0～IN7 作为 A/D 转换器的模拟输入端，读取每个转换结果，并与已知电压值对应的数据相对比，如果相等，则说明模拟多路复用器能进行正确的路地址选择。

2．算法原理

A/D 转换器的每一路模拟输入都不相等，模拟多路复用器依次选择各路作为输入端，得到的转换结果也不相同。

3．算法描述

8 个模拟输入端分别连接某个特定的电压值，这些不同的电压值经过 A/D 转换后的数字应分别为 D0～D7。测试算法流程如下，其流程图如图 2.27 所示。

（1）设置 8255 各接口的工作方式，A 口输入，B 口输出。

（2）PB=#00000000B。

（3）向 B 口送路地址 PB，选择模拟输入接口。

（4）从 A 口读出数据 D。

（5）如果 D 与已知数据不相等，则返回错误值 ERROR；否则 PB=PB+1，并且返回第（4）步，取出下一路模拟输入的转换结果。

（6）如果 8 路模拟输入端都通过测试，那么测试通过，返回 OK。

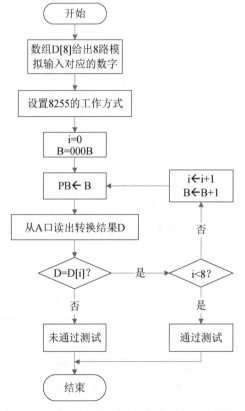

图 2.27　模拟多路复用器的似真性检查流程图

4. 伪代码

模拟多路复用器的似真性检查的伪代码如下：

```
Initial D[i];                //给出模拟输入端的电压对应的数字
DPTR←add_CR;                 //将 8255 控制寄存器地址写入 DPTR
A←#10110100B;
*DPTR←A;
PB=#00000000B;               //写 8255 控制字，A 口输入，B 口输出
for(i=0;i<8;i++)
{
    DPTR←add_PB;
    A←PB;
    *DPTR←A;
    //PB0 PB1 PB2=000~111，选择 IN0~IN7 作为 A/D 转换器的模拟输入端
    DPTR←add_PA;
    A←*DPTR;                 //从 A 口读入转换结果
    if (A!=D[i])             //D[i]为 INi 模拟输入端所接校准电压对应的已知数据
        return ERROR;
    else PB←PB+1;
}
return OK;                   //通过测试
```

2.8 监测装置和比较器故障及故障检测方法

本节列出了与监测装置和比较器相关的故障或故障模式。监测装置和比较器没有细分组件或程序。

【内容】

监测装置和比较器故障及其检测措施如表 2.18 所示。

表 2.18　监测装置和比较器故障及其检测措施

组件	故障/错误	软件分类		可接受的措施
		B	C	
监测装置和比较器	静态和动态功能规范外的任何输出	—	rq	受试监测、冗余监测和比较、错误确认装置

【注释】

监测装置和比较器故障分为监测装置故障和比较器故障，常出现的故障表现为静态和动态功能规范外的任何输出。

监测装置故障产生的原因是监测装置失效，其故障现象（模式）为无法识别系统内部错误。监测装置故障的影响为当系统内部出现错误时，监测装置无法识别该错误。

比较器故障产生的原因是比较器失效,其故障现象(模式)为无法识别系统内部错误。比较器故障的影响为当系统内部出现错误时,无法通过比较器识别该错误并进行必要的防护。

监测装置和比较器故障可接受的措施/检测方法如下。

(1)受试监测。

(2)冗余监测和比较。

(3)错误确认装置。

监测装置和比较器的故障检测对具有 B 类软件功能的控制器没有要求;具有 C 类软件功能的控制器需要进行该故障检测,可接受的检测方法是上述第(1)~(3)种。

2.9 常规集成块故障及故障检测方法

本节列出了与常规集成块部件或程序相关的故障或故障模式。常规集成块没有细分组件或程序。下面详细介绍常规集成块对应的故障及其可接受的检测方法。

2.9.1 常规集成块故障检测方法

【内容】

常规集成块故障及其检测措施如表 2.19 所示。

表 2.19 常规集成块故障及其检测措施

组件	故障/错误	软件分类		可接受的措施
		B	C	
常规集成块(如 ASIC、GAL、门阵列)	静态和动态功能规范外的任何输出	rq	—	周期性自检
		—	rq	周期性自检和检测、带有比较的双通道(不同的)、错误确认装置

【注释】

常规集成块故障可分为控制器组件故障、与安全相关的故障和错误识别装置失效故障,常出现的故障表现为静态和动态功能规范外的任何输出。

控制器组件故障产生的原因是控制器组件失效,其故障现象(模式)为常规集成块无法实现软件功能。控制器组件故障的影响为当外部发出操作请求时,控制器可能未对该合理请求做出响应。

与安全相关的故障产生的原因是定时、序列和软件操作存在故障,其故障现象(模式)为软件响应延时,功能执行顺序混淆。与安全相关的故障的影响为控制器不能在规定时间内对外部请求进行响应，代码功能执行的先后顺序出现问题。

错误识别装置失效故障产生的原因是监测装置、比较器等错误识别装置失效，其故障现象（模式）为无法识别系统内部错误。错误识别装置失效故障的影响为当系统内部出现错误时，无法通过监测装置实时上报故障或通过比较器识别该错误并进行必要的防护。

常规集成块故障可接受的措施/检测方法如下。

（1）周期性自检。

（2）周期性自检和检测。

（3）带有比较的双通道（不同的）。

（4）错误确认装置。

其中，具有 B 类软件功能的控制器的常规集成块故障可接受的检测方法是上述第（1）种，具有 C 类软件功能的控制器的常规集成块故障可接受的检测方法是上述第（2）～（4）种。

下面详细描述具有 B 类软件功能的控制器的常规集成块故障可接受的检测方法。

2.9.2 周期性自检

1. 技术点含义

常规集成块指的是 CPLD、PLD、FPGA、ASIC、GAL、门阵列等可编程的逻辑器件，一般用来辅助控制器完成各项功能操作，如浮点运算、信号处理、总线控制、内存管理等。

2. 算法原理

由于常规集成块的功能是由制造商在出厂前事先规定的，因此，不同的常规集成块能完成的功能不同，很难给出一个明确的测试方案，但是可以根据制造商设定的功能，周期性地检测常规集成块是否能够实现预定的目标。

第3章 新标准的变动情况分析

本书中的新标准指的是 IEC 60730-1:2020；旧标准指的是 GB 14536.1—2008《家用和类似用途电自动控制器 第1部分：通用要求》，或者也可理解为 IEC 60730-1:2003。

本章重点分析新标准的变化情况，并给出详细的解释说明。新标准的变化主要体现在两方面：①对已有的条款内容进行了局部改动；②增加了新条款。下面给出具体的说明。

3.1 局部改动内容

新标准相对于旧标准的局部改动主要体现在以下几方面。

（1）对 A、B、C 类控制软件的范围划分、名称等进行了更改；在部分条款中，将旧标准中以"A 类控制软件之外"为主体的分条款的主体限制于"B 类或 C 类控制软件"。

（2）在部分主条款与分条款之间增加了总结性、原则性或要求性说明。

（3）对部分分条款进行了更新或增加了对某些特定主体的定义、使用要求或某些情况下的说明。

（4）对部分条款强调或简化或省略了某些主体的形容或限定词。

新标准局部改动内容对照表如表 3.1 所示。

表 3.1 新标准局部改动内容对照表

序号	新标准条款标号及内容		新旧标准对应关系	旧标准条款标号及内容	
1	H.11.12 使用软件的控制器	条款 H.11.12.1~H.11.12.4 仅适用于使用按功能分类为 B 类或 C 类软件的控制器	新标准重新规定了分条款的适用范围	H.11.12 使用软件的控制器	条款 H.11.12.1~H.11.12.13 不适用于按功能分类为 A 类软件的控制器
2	H.11.12.1	B 类或 C 类软件的控制器功能应采取措施，以控制并避免如 H.11.12.2 和 H.11.12.3 所详述的……	新标准更改了"B 类或 C 类软件控制功能"的声明，并调整了"防止"和"控制"的顺序	H.11.12.1	具有按功能分类为 B 或 C 类软件的控制器应采取措施，以避免并控制如 H.11.12.2~H.11.12.3 所详述的……

续表

序号	新标准条款标号及内容		新旧标准对应关系	旧标准条款标号及内容	
3	H.11.12.1.2.1	C类软件的控制器功能应有下述结构之一……	对"功能声明为B类软件的控件"等进行了简化	H.11.12.2	具有规定为C类软件功能的控制器应有下述结构之一……
	H.11.12.1.2.2	B类软件的控制器功能应有下述结构之一……		H.11.12.2	具有规定为B类软件功能的控制器应有下述结构之一……
	H.11.12.2.2	C类软件的控制器……		H.11.12.4	具有规定为C类软件功能、使用有比较的双通道结构的控制器……
	H.11.12.2.8	C类软件的控制器……		H.11.12.9	在使用具有C类软件功能的双通道结构的控制器……
4	H.11.12.2.3	对于B类或C类软件的控制器……	新标准重新限定了条款的主体	H.11.12.5	对于非A类软件功能的控制器……
	H.11.12.2.4	对于B类或C类软件的控制器……		H.11.12.7	对于非A类软件功能的控制器……
	H.11.12.2.7	对于分类为B类或C类功能的控制器……		H.11.12.8.1	对于具有非A类软件功能的控制器……
5	H.11.12.2.5	如果表H.11.12.2.4中详述的措施之外的其他措施能够表明满足表H.1的需求，则其他的措施是允许的	新标准简化了对"其他措施"的要求描述	H.11.12.7.1	如果其他措施能表明至少满足表H.11.12.7-1中可接受的措施的最小故障/错误要求，则其他措施是允许的

3.2 新增条款

新增条款具体内容包括预防缺陷的方法、远程驱动控制相关条款、试验和内部故障防护说明。

3.2.1 预防缺陷的方法

3.2.1.1 总则和规范

【内容】

H.11.12.3.1 总则

对于B类或C类软件的控制器，应采用如图H.1所示的避免系统故障的措施。

用于C类软件的措施对于B类软件在本质上是可接受的。

本节内容摘自 IEC 61508-3:2010，并修改适应 IEC 60730-1:2020 的需要。

如果其他方法整合条理清晰的结构化过程，包括设计和测试阶段，那么它们也是可行的。

H.11.12.3.2　规格

H.11.12.3.2.1　软件安全需求

H.11.12.3.2.1.1　软件安全需求规格说明应包括以下几点。

（1）要实施的每项安全相关功能的描述，包括其响应时间。

- 与应用程序相关的功能，包括相关的软件类。
- 与软件或硬件故障的检测、通知和管理相关的功能。

（2）软件和硬件之间接口的描述。

（3）安全与非安全相关功能之间接口的描述。

技术/措施示例如表 3.2 所示。

表 3.2　技术/措施示例

技术/措施	参　考
标准识别	—
①逻辑/功能框图	
②顺序图	
③有限状态机/状态转换图	B.2.3.2 of IEC 61508-7:2010
④判定/真值表	C.6.1 of IEC 61508-7:2010

注：其他符合要求的方法也可采用。

【注释】

本节简单地引出了 B/C 类软件控制器，以及应该遵循的避免故障措施的总体示意图，并对软件安全需求规范进行了详细的说明。

为防止家电在出现故障时对人身造成伤害，所有新上市的家电产品必须符合 IEC 60335-1:2010 标准，根据设备在发生故障时的危险程度，将检测软件分为 3 个类别，当家电的安全性与软件无关时，属于 A 类设备，如室内温度调节器或照明的控制开关；若该软件用于预防特殊的灾难，如电子点火燃气灶的防爆功能，属于 C 类设备；大多数家电的电子控制开关都必须有不安全操作防护功能，属于 B 类设备。

软件安全功能要求针对特定的危险事件，为达到或保持被控设备的安全状态，安全相关软件必须实现相关规范。软件安全功能要求需要考虑的方面包括：使被控设备获得或维持安全状态的功能，与系统硬件故障探测、告警和管理有关的功能，与传感器和执行器故障探测、告警与管理有关的功能，与软件自身故障探测、告警和管理有关的功能，与安全功能在线周期性检测有关的功能，与安全功能离线周期性检测有关的功能，允许控制系统被安全修改的功能，连接非安全功能的接口、能力和响应的性能，软件与控制系统之间的接口等。

软件安全性理念就是在实际运行过程中，其是否存在抗危害与抗干扰能力。例如，在机载系统软件中，若存在安全性问题，则将引发严重的经济损失，影响正常运行，对于该系统软件，安全需求就在于具有适应性、可靠性、可维护性、测试性等综合性能。

在进行软件安全性需求分析时，技术人员可利用归纳与演绎的方式对安全性需求进行分析，对其危害与操作失效等结果进行分析，在初始危险分析的情况下，建立专门的子系统，以此来分析软件危险类型，并制定更为宏观的归纳方案，逐步改善安全性需求分析效果。

3.2.1.2 软件结构

【内容】

H.11.12.3.2.2 软件结构

H.11.12.3.2.2.1 软件结构的描述应包括以下几方面。

（1）控制软件故障/错误的技术和措施（参见 H.11.12.2）。

（2）硬件和软件之间的交互。

（3）划分为模块并分配给指定的安全功能。

（4）模块的层次结构和调用结构（控制流）。

（5）中断处理。

（6）数据流及数据存取的约束。

（7）构造和贮存数据。

（8）序列和数据的基于时间的依赖关系。

软件结构设计技术/措施示例如表 3.3 所示。

表 3.3 软件结构设计技术/措施示例

技术/措施	参考（信息）
故障检测和诊断	C.3.1 of IEC 61508-7:2010
半形式化方法： ①逻辑/功能框图 ②顺序图	
③有限状态机/状态转换图	B.2.3.2 of IEC 61508-7:2010
④数据流图	C.2.2 of IEC 61508-7:2010

H.11.12.3.2.2.2 体系结构规范应根据软件安全需求规范采用静态分析方法进行验证。可接受的静态分析方法如下。

（1）控制流分析。

（2）数据流分析。

（3）代码走查/设计评审。

【注释】

本节主要引出了软件结构规范的具体内容，阐述了针对软件结构规范涉及的验证方法。

软件结构设计是描述软件系统行为和属性的一个高级抽象结构。软件结构设计由构成软件系统的元素、元素之间的相互作用关系描述、元素集成的模式、模式的约束等组成。

软件结构设计是构建计算机软件的基础。与软件结构设计相关的描述应至少包括定义和设计软件的模块、模块之间的交互、用户界面风格、对外接口方法、创新的设计特性，以及高层事务的对象操作、逻辑和流程。软件结构设计描述的对象是直接构成系统的抽象组件，各个组件之间的连接通过组件之间的通信来明确细致地描述，在实现过程中，这些抽象组件被细化为实际的组件，如具体的某类或对象。

软件结构设计的核心模型由 5 种元素组成：构件、连接件、配置、端口和角色。其中，构件和配置是最基本的元素。构件是具有某种功能的可重用的软件模块单元，表示系统中主要的计算元素和数据贮存。构件分为两种：复合构件和原子构件。连接件表示构件之间的交互，简单的连接件如管道、过程调用、事件广播等，更为复杂的连接件，如客户-服务器通信协议、数据库和应用之间的 SQL 链接等。配置表示构件和连接件的拓扑逻辑与约束。

软件结构设计的基本原则有以下几点。

（1）满足功能性需求和非功能性需求：是软件系统最基本的要求，也是软件设计时最该遵循的基本原则。

（2）实用性原则：软件结构设计必须使用，防止"高来高去"或"过度设计"。

（3）接口复用：公共部分可设计为接口，减少冗余，最大限度地提高工作人员的效率。

（4）低耦合和高内聚：耦合描述模块之间的依赖程度，即其中一个模块被修改，会在多大程度上影响其他模块；内聚描述某个特定模块（包括程序、类型）在完成一系列功能时，不同操作描述的逻辑之间的距离的远近，高内聚要求可维护性、可重塑性。

3.2.1.3 软件模块设计和编码

【内容】

H.11.12.3.2.3 软件模块设计和编码

注 1：允许使用计算机辅助设计工具。

注 2：对于防错性程序设计（如范围检查、除 0 检查、真实性检查），见 IEC 61508-7:2010 的 C.2.5。

H.11.12.3.2.3.1 基于结构设计，软件应适当细化为模块。软件模块设计和编码应以一种可追溯软件结构和需求的方式来实现。

软件模块设计应具体说明以下几项。

（1）函数。

（2）与其他模块之间的接口。

（3）数据。

软件模块设计技术/措施示例如表 3.4 所示。

表 3.4　软件模块设计技术/措施示例

技术/措施	参　考
软件模块限定大小	C.2.9 of IEC 61508-7:2010
信息隐藏/封装	C.2.8 of IEC 61508-7:2010
子程序和函数中的单入口/单出口	C.2.9 of IEC 61508-7:2010
完全定义的接口	C.2.9 of IEC 61508-7:2010
半形式化方法： ①逻辑/功能框图 ②顺序图 ③有限状态机/状态转换图 ④数据流程图	 B.2.3.2 of IEC 61508-7:2010 C.2.2 of IEC 61508-7:2010

H.11.12.3.2.3.2 软件代码应结构化。

注：结构复杂性可以通过以下原则来降低。

（1）尽量减少软件模块的可能路径数量，输入与输出参数之间的关系尽可能简单。

（2）避免复杂的分支，尤其在高级语言中，避免无条件跳转（GOTO）。

（3）在可能的情况下，将循环约束和分支关联到输入参数。

（4）避免使用复杂的计算作为分支和循环决策的条件。

软件编码技术/措施示例如表 3.5 所示。

表 3.5　软件编码技术/措施示例

技术/测量	参　考
使用编码标准（见 H.11.12.3.2.4）	C.2.6.2 of IEC 61508-7:2010
没有使用动态对象和变量（见注）	C.2.6.3 of IEC 61508-7:2010
对中断的限制	C.2.6.5 of IEC 61508-7:2010
对指针的限制	C.2.6.6 of IEC 61508-7:2010

续表

技术/测量	参考
对递归的限制	C.2.6.7 of IEC 61508-7:2010
在更高级别语言的程序中，没有无条件跳转	C.2.6.2 of IEC 61508-7:2010

注：如果编译器确保在运行前能为所有动态对象和/或变量分配足够的内存，或者在插入运行时，检查正确的在线内存分配，则允许使用动态对象和/或变量。

应根据软件模块设计对软件编码进行验证，应通过静态分析，对照软件结构设计验证软件模块设计。

注：静态分析的方法如下。

（1）控制流分析。

（2）数据流分析。

（3）代码走查/设计评审。

H.11.12.3.2.4 设计和编码标准

在软件模块设计和维护过程中，应采用程序设计和编码标准。

编码标准应规定编程实践，禁止不安全的语言特性，并规定源代码文档和数据命名约定的程序。

【注释】

本节简要引出了软件模块设计和编码的规范与标准，系统地阐述了两个过程中应偏重的内容和环节。

软件模块设计规范中应规定其他模块接口、函数和数据。其中，接口应考虑安全功能接口，该接口定义为所有处于产品外部，可给安全功能提供数据，从而获得数据及调用其服务的方法和途径。该接口是外界和产品安全功能交互的入口，也是攻击入口，因此，软件模块设计的规范可通过安全功能接口的设计规范，以及通过接口连接起来的安全功能模块和子系统的设计规范来表达。函数是构成程序的基本模块，一个C语言程序由一个或多个函数组成，但有且仅有一个主函数，每个函数完成一个相对独立且功能明确的任务，由主函数调用其他函数（其他函数也可互相调用）。使用函数应注重于提高程序的开发效率，使程序易于管理。模块划分应遵循一定的规则，如基于功能的模块划分、按照任务需求进行的模块划分、抽象数据模型的模块划分等。无论遵循哪种划分方式，均应保证由模块划分设计出的系统具备可靠性强、系统稳定和利于维护/升级等特性。

对于信息技术产品，安全功能接口分为逻辑接口（如函数、指令等）和物理接口（如芯片表面、芯片引脚等）。安全功能接口相关特征包括接口的参数、参数描述、使用方式、行为及错误消息。通过对参数的描述，可明确安全功能接口的具体输入和输出，以及如何通过对参数进行不同的赋值来获取安全功能接口不同的使用方式，进而控制安全功能接口的行为，实现外界与安全功能的交互；通过提取接口使用方式，可明确外界如何触发安全功能接口的动作及如何获得安全功能接口的响应；通过提取接口行为，可明确外界由使用方式触发安全功能接口的动作和响应；通过提取错误消息，可明确由外界调用（和非调用）安全功能接口可能产生的所有错误，包括直接错误、间接错误及无关错误。

一个模块在不需要了解另一个模块内部信息的情况下，模块之间通过 API 通信，称为信息隐藏或封装。封装的原因在于有效解除组成系统各个模块之间的耦合关系，使这些模块可以独立开发、测试、优化、修改和理解，可进一步加快系统开发的速度，减轻维护负担。模块封装提高了软件的可重用性，因为模块之间不紧密相连，所以降低了构建大型系统的风险。对于内部逻辑，模块封装实现了类和成员之间的可访问性最小化。

由于仿真对超大规模设计来说耗费时间，所以出现了形式化验证。形式化验证主要是进行逻辑形式和功能的一致性比较，靠工具自己完成，无须开发测试向量。在针对需求说明进行软件模块设计的过程中，对需求的错误理解可能在设备中引入内在的安全缺陷，半形式化方法可以提高描述需求的合理性，有助于降低所引入安全隐患的风险。通常情况下，半形式化方法包括逻辑/功能框图、序列图、有限状态机/状态转换图、数据流程图等。

软件编码规范在提高软件质量、增强软件的可维护性等方面发挥着重要的作用。软件编码规范通常包括结构化程序设计、规范化设计风格和具备一定逻辑性的语句结构等。

其中，结构化程序设计要求：①使用语言中的顺序、选择、重复等优先的基本控制结构表示程序逻辑；②选用的控制结构只准许有一个入口和一个出口；③复杂结构应该使用基本控制结构进行组合嵌套来实现。编码阶段的原则为：自顶向下，即全局到局部；逐步细化，在复杂问题下设计子目标来过渡；模块化，先将复杂问题分解为子目标，再分解为小目标，小目标可理解为一个软件子模块；结构化编码，要求结构化语言有与基本结构对应的语句。

规范化设计风格通常涉及源程序的文档化、数据说明、语句结构和输入/输出方法。其中，源程序的文档化要求标志符科学性命名，不应与关键字相同；安排注释，且重要程序段处的注释应注重细节性和功能性；程序的视觉组织阶梯形式，应注重整体布局，以及细节处的层次之间的缩进和空行等。数据说明中的原则包括：数据说明应标准化、规范化，以易于测试、排错和维护；当多个变量名在一条语句中说明时，按照字母顺序排列；应使过程和函数的形参排列有序，即输入参数在前、输出参数在后，整型参数在前、实型参数次之、其他参数在后。语句结构要求简单直接，先正确后速度，不为了片面追求效率而使语句复杂化。语句结构的原则包括：一行一语句；避免复杂条件测试；避免大量使用循环嵌套语句和条件嵌套语句；逻辑/算法表达式应清晰直观；变量说明不应遗漏，变量的类型、长度、贮存及初始化要正确等；避免使用临时变量而使可读性变差；尽可能使用库函数；

避免不必要的转移；尽量使用三大基本结构；对于过大的程序，要分块编写、测试、集成等。输入/输出信息与用户使用直接相关，故输入和输出的方式和格式应当尽可能方便用户使用，且应满足运行工程学的输入和输出风格。

3.2.1.4 测试

【内容】

H.11.12.3.3 测试

H.11.12.3.3.1 模块设计（软件系统设计、软件模块设计和编码）

H.11.12.3.3.1.1 应根据软件模块设计规范确定具有合适的测试用例集的测试方案。

H.11.12.3.3.1.2 每个软件模块都应按照测试方案的规定进行测试。

H.11.12.3.3.1.3 测试用例、测试数据和测试结果应形成文件。

H.11.12.3.3.1.4 软件模块的静态代码验证包括软件审查、走查、静态分析和形式化证明等。

软件模块的动态代码验证包括功能测试、白盒测试和统计测试。

静态代码验证和动态代码验证的结合保证了每个软件模块可满足其设计规范要求。

软件模块测试技术/措施示例如表3.6所示。

表3.6 软件模块测试技术/措施示例

技术/措施	参 考
动态分析与测试： ①从边界值分析开始执行测试用例 ②基于结构的测试	B.6.5 of IEC 61508-7:2010 C.5.4 of IEC 61508-7:2010 C.5.8 of IEC 61508-7:2010
数据记录和分析	C.5.2 of IEC 61 508-7:201 0
功能测试和黑盒测试： ①边界值分析 ②流程模拟	B.5.1, B.5.2 of IEC 61508-7:2010 C.5.4 of IEC 61 508-7:2010 C.5.18 of IEC 61508-7:2010
性能测试： ①雪崩/压力测试 ②响应时间和内存限制	C.5.20 of IEC 61508-7:2010 C.5.21 of IEC 61508-7:2010 C.5.22 of IEC 61508-7:2010
接口测试	C.5.3 of IEC 61508-7:2010

注：软件模块测试是一种验证活动。

H.11.12.3.3.2 软件集成测试

应根据软件结构设计规范确定具有合适的测试用例集的测试方案。

H.11.12.3.3.2.2 软件应按照测试方案的规定进行测试。

H.11.12.3.3.2.3 测试用例、测试数据和测试结果应形成文件。

软件集成测试技术/措施示例如表 3.7 所示。

表 3.7 软件集成测试技术/措施示例

技术/措施	参 考
功能测试和黑盒测试：	B.5.1, B.5.2 of IEC 61508-7:2010
①边界值分析	C.5.4 of IEC 61508-7:2010
②流程模拟	C.5.18 of IEC 61508-7:2010
性能测试：	C.5.20 of IEC 61508-7:2010
①雪崩/压力测试	C.5.21 of IEC 61508-7:2010
②响应时间和内存限制	C.5.22 of IEC 61508-7:2010

注：软件集成测试是一种验证活动。

H.11.12.3.3.3 软件确认

H.11.12.3.3.3.1 应根据软件安全需求规范确定具有合适的测试用例集的确认方案。

H.11.12.3.3.3.2 软件的确认应按照确认方案中的软件安全需求规范的要求进行。

软件应通过以下模拟或激励运行。

（1）正常运行时的输入信号。

（2）预期的事件。

（3）需要系统处理的非期望的条件。

H.11.12.3.3.3.3 测试用例、测试数据和测试结果应形成文件。

软件安全确认技术/措施示例如表 3.8 所示。

表 3.8 软件安全确认技术/措施示例

技术/措施	参 考
功能测试和黑盒测试：	B.5.1, B.5.2 of IEC 61508-7:2010
①边界值分析	C.5.4 of IEC 61508-7:2010
②流程模拟	C.5.18 of IEC 61508-7:2010
仿真、建模：	
①有限状态机	B.2.3.2 of IEC 61508-7:2010
②性能建模	C.5.20 of IEC 61508-7:2010

注：测试是软件确认的主要方法，建模可以用来补充确认活动。

【注释】

本节简要说明了软件测试遵循的基本原则，引出软件测试中的模块测试、集成测试和软件确认。

软件测试一般由集成者或测试者执行，目的在于确定软件的运行状况或性能是否与相应的软件测试规范一致。软件测试过程应根据软件设计的系统设计、模块设计和编码来定义具体的测试计划，整个测试过程按照测试计划规定的内容进行测试。软件测试规范要求记录测试目的、测试用例、测试数据和预期结果、要执行的测试类型、测试环境、工具、配置和程序、判定完成测试的标准、要实现的测试覆盖率的标准和程序、测试过程中涉及人员的角色和职责、测试说明覆盖的软件需求、软件测试设备的选择和使用。

软件模块测试分为静态代码验证测试和动态代码验证测试，分别对应静态测试和动态测试。静态测试可通过软件代码审查、演练、静态分析和形式化验证等方法达到测试的目的，动态测试通过功能测试、白盒测试、统计测试等方法达到测试的目的。静态测试方法包括检查单和静态分析方法，对文档的静态测试主要是以检查单的形式进行的，而对代码的静态测试一般采用代码审查、代码走查和静态分析，静态分析一般包括控制流分析、数据流分析、接口分析和表达式分析。应对软件代码进行审查、走查或静态分析；对于规模较小、安全性要求很高的代码，也可进行形式化证明。动态测试方法一般有白盒测试方法和黑盒测试方法。黑盒测试方法一般包括功能分解、边界值分析、判定表、因果图、随机测试、猜错法和正交试验法等，白盒测试方法一般包括控制流测试（语句覆盖测试、分支覆盖测试、条件覆盖测试、条件组合覆盖测试、路径覆盖测试）、数据流测试、程序变异、程序插桩、域测试和符号求值等。

集成测试在模块测试之后，所遵循的原则与模块测试相似，不同之处在于集成测试在制订测试计划时，应遵循软件设计中系统设计的要求。

软件验证是根据一个特定开发阶段的输出项（过程、文档、软件或应用）是否满足完整性、正确性和一致性的要求与计划来检查并得出判断结果的，这些活动由验证者进行管理。软件验证分为动态验证和静态验证两种基本方法。动态验证即测试与演示，静态验证即评审与分析。有时，验证还可包括评审、分析和测试的组合，评审和分析评估每个寿命周期阶段（包括策划、需求、设计、编码/集成、测试开发和测试执行）输出的完整性、正确性与一致性。

当程序编码复杂烦琐时，可能引发思维混乱的情况，可利用有限状态机模型做出一个状态转移图，便可以利用画出的逻辑图编写程序。状态转移图是一个可以表示有限个状态，以及在这些状态之间的转移和动作等行为的数学模型。

性能建模是用来对软件性能要求设计进行建模的一种结构化可复用的方法。它始于软件生命周期的设计阶段，并且涵盖了整个生命周期。

3.2.1.5 其他事项

【内容】

H.11.12.3.4 其他事项

H.11.12.3.4.1 工具、编程语言

用于软件设计、验证和维护的设备，如设计工具、编程语言、翻译器和测试工具，应经过适当的鉴定，并应证明其适合多种应用。

如果用于软件设计、验证和维护的设备符合 IEC 61508-7:2010 C.4.4 的"从使用中增强信心"的要求，则认为它们是合适的。

H.11.12.3.4.2 软件版本管理

应建立模块级的软件版本管理系统。所有版本都应该唯一标识以保证可追溯性。

H.11.12.3.4.3 软件修改

H.11.12.3.4.3.1 软件的修改应基于以下修改需求，细节如下。

（1）可能受影响的危害。

（2）拟议的修改内容。

（3）修改的原因。

H.11.12.3.4.3.2 应进行分析，以确定拟议的修改对功能安全性的影响。

H.11.12.3.4.3.3 应制定详细的修改规范，包括验证和确认的必要活动，如合适的测试用例集。

H.11.12.3.4.3.4 修改应按计划进行。

H.11.12.3.4.3.5 对修改的评价应基于指定的验证和确认活动。

（1）修改的软件模块的再验证。

（2）对受影响的软件模块的再验证。

（3）对整个系统的再确认。

H.11.12.3.4.3.6 修改活动的所有细节应形成文件。

H.11.12.3.5 对于 C 类控制功能，制造商应在硬件开发期间使用表 3.9 中给出的分析措施的组合之一。

表 3.9 硬件开发期间分析措施的组合

硬件开发阶段	a	b	c	d	e	f	g	h	i	j	k	l	m	n	o	p
H.2.17.5 检查	×		×				×		×		×		×			
H.2.17.9 走查				×		×		×		×		×				×
H.2.17.7.1 静态分析	×	×					×	×								
H.2.17.1 动态分析			×	×							×	×				
H.2.17.3 硬件分析					×	×								×	×	
H.2.17.4 硬件仿真							×	×							×	×
H.2.17.2 计算故障率	×	×	×	×												
H.2.20.2 FMEA 分析									×	×	×	×	×	×	×	×
H.2.17.6 运行试验	×	×	×	×	×	×	×	×	×	×	×	×	×	×	×	×

【注释】

新标准补充了其他非系统化软件生命周期中应当注意的环节和相关描述，阐述了包括软件编码原则、版本管理和修改的相关内容。

在软件安全开发中，应注重软件的健壮性和安全性，因其在很大程度上决定了软件的生命力和影响力，构件安全软件的最佳途径是在程序分析、开发、测试阶段增加安全考虑，开发测试团队应当注意的安全编码基本原则包括规范编码、代码简洁、处理警告和验证输入等。

在规范的程序编码中，应制定统一、符合标准的编写规范，以保证程序的可读性、易维护性，提高程序的运行效率。经验表明，多数漏洞很容易通过使用一些规范编码的方法避免。例如，对代码进行规范缩进显示，避免出现遗漏错误分支处理。

代码简洁要求程序精简，代码中的每个函数应该具备明确的功能，在编写代码时，应在保证功能完整实现的前提下控制该函数内代码量的多少，因为复杂的实现更容易增加代码中的错误。程序越复杂，就需要越复杂的控制，当碰到较为复杂的功能时，应将功能分解为更小、更简单的功能，确保软件仅包含所要求或规定的功能。

在代码开发过程中，应最大限度地处理编译器的警告和错误，不仅要处理和解决代码中的错误，还应处理和解决所有碰到的警告，以防警告进入程序最终编译版本中。

开发者在开发程序中必须验证来自所有不可信数据源的输入，合适的输入验证可以清除很多软件漏洞。大部分的攻击均通过设计"精心的输入"来实现，如果程序不能正确处理这些"输入"，则有可能运行到"攻击者指定的代码"中。因此，开发者在开发程序的过程中，必须对外界数据源持有怀疑和不信任的态度，包括命令行参数、网络接口、环境变量、用户控制的文字等。

软件版本管理的目标在于确保软件按照要求执行，在修改软件时，保持软件的安全性、完整性和可信性。这些目标应由配置管理员进行管理。好的软件配置管理有助于防止问题，如丢失源代码模块、找不到一个文件的最新版本、已经纠正的错误再次出现、丢失需求、无法确定什么东西在何时进行了更改、两个程序员在更新同一个文件时覆盖了彼此的工作，以及许多其他问题。软件配置管理通过协调在同一个项目上的多人的工作和活动来减少这些问题。如果正确实现，那么软件配置管理可以"防止技术混乱，避免客户不满的尴尬，以及维护产品与关于产品的信息之间的一致性"。

3.2.2 远程驱动控制相关条款

3.2.2.1 数据交换

【内容】

H.11.12.4.1.1 总则

远程驱动的控制功能可以连接到分散独立的设备上，其本身可能包含控制功能或提供其他信息。这些设备之间的任何数据交换不应损害 B 类控制功能或 C 类控制功能的完整性。

H.11.12.4.1.2 数据类型

在一个或多个控制功能中,用于数据交换的消息类型应分配给 A 类控制功能、B 类控制功能或 C 类控制功能;对于安全性或保护性相关的信息或数据交换,只能分配为 B 类控制功能或 C 类控制功能,如表 3.10 所示。

表 3.10 数据交换

数据	安全相关	安全无关
操作数据	信息,如"从安全状态复位"	信息,如开/关指令、室温信息
配置参数	修改影响 B 类控制功能或 C 类控制功能的参数	修改影响性能的参数
软件模块	配置影响 B 类控制功能或 C 类控制功能的软件模块	配置影响性能的软件模块

H.11.12.4.1.3 安全相关的数据的通信

H.11.12.4.1.3.1 传输

安全相关的数据应真实传送,涉及以下 3 点。

(1) 数据损坏。

(2) 地址错误。

(3) 错误的时间或顺序。

数据变化或数据损坏不应导致不安全状态。在使用传输数据之前,应确保上述事项已按照标准的附录 H 中所示出的该功能所使用的相同或更高软件类别的措施进行了处理。

按照标准的附录 H 评估符合性。

注 1:对于以下几方面,要特别注意表 1.3 第 6 部分所列的故障和故障检测措施。

(1) 从原始信息中删除数据。

(2) 从原始信息中插入数据。

(3) 原始信息中的数据损坏。

(4) 在原始信息中改变数据的顺序。

(5) 把非真实信息改造为看起来像真实信息的信息。

(6) 地址不完整。

(7) 原始信息的地址损坏。

(8) 错误的地址。

(9) 更多的地址。

(10) 接收信息多于一次。

（11）发送或接收信息超时。

（12）错误的发送/接收顺序。

除注 1 的条目外，还要考虑以下故障模式。

（1）永久"自动发送"或重复。

（2）数据传输中断。

注 2：措施的附加例子可参考表 3.11。

H.11.12.4.1.3.2 访问数据交换

如果采取足够的硬件/软件措施来防止未经授权的访问控制功能，那么 B 类控制功能或 C 类控制功能相关的操作数据、配置参数和/或软件模块将允许通过通信传输，详见表 3.11 中的例子。

当通过公用网络访问 B 类控制功能或 C 类控制功能相关的操作数据进行数据交流时，应当采用适当的加密技术（见 H.11.12.4.5）。

注：安全方面的工作根据 ISO/IEC JTC 1/SC 27 (TC 205)确定。

表 3.11 防止非授权访问和传输故障模式

覆盖	威胁	保护措施							
		顺序号	时间戳	超时	反馈信息	源目标标识	身份识别	安全代码	密码技术
传输故障模式	重复信息	×	×						
	删除信息	×							
	插入信息	×			×	×	×		
	信息中数据重新排序	×	×						
	损坏、删除或插入数据到信息中							×	×
	发送/接收信息延时		×	×					
非授权访问	伪装				×		×		×

注：防止非授权访问的示例也可参考 EN 50159:2011

H.11.12.4.1.3.3 B 类和 C 类软件的修订

标准 H.11.12.3 的要求应适用于 B 类和 C 类软件的修订。此外，应要求进行硬件配置管理，并采取措施，以确保控制器保持其保护功能符合本标准。

注：为了保持控制器的完整性，硬件配置管理是软件验证的补充。另外，系统级别的

影响也应考虑在内。

H.11.12.4.1.4 对于远程驱动的控制功能操作，除非在循环结束时实现自动关闭或系统设计为永久运行，否则应在接通前设置操作时间或操作限制。

通过软件检测核验远程驱动的控制功能的符合性。

H.11.12.4.2 应考虑控制器功能的优先级，以防止危险状况。

通过检测核验控制器功能的优先级的符合性。

【注释】

本节简要引出了远程驱动控制功能和数据交换，阐述了数据交换应遵循的原则、类型、要求和传输过程中的相关定义与要求。

远程控制系统是集中控制发展到分布式控制的产物。远程控制一般指利用网络对远端计算机或嵌入式设备实施操控。"远程"并非距离远，而是能够实现两个或多个计算机载体或嵌入式设备在任何位置都可以连接到互联网并实现控制。随着互联网的革新和普及，也不仅局限于局域网内的设备控制，远程控制的范围已延伸到互联网，对非计算机设备也能实现控制。基于远程控制技术的无线网络控制和移动网络控制成为远程驱动控制技术的主体。

远程驱动控制功能连接到分散的各独立设备上，分别由各自所在设备控制，设备之间的交互过程对系统内其他控制功能不产生干扰。

I/O 设备数据传送控制方式通常可分为程序直接控制传送方式、程序中断传送方式、直接贮存器访问方式、I/O 通道控制方式和 I/O 处理机方式。其中，程序直接控制传送方式又称查询方式，完全通过程序控制主机和外设之间的信息传送，通常的办法是在用户的程序中安排一段由 I/O 指令和其他指令组成的程序段，以直接控制外设的工作，CPU 不断地查询外设的工作状态，一旦外设处于"准备好"或"不忙"的状态，即可进行数据的传送。该方法是主机和外设之间进行数据交换的最简单、最基本的控制方法。

程序中断传送方式是指当外设完成数据传送的准备后，便主动向 CPU 发出中断请求信号，若 CPU 允许中断，则在一条指令执行完后响应中断请求，转去执行中断服务子程序，完成数据传送，通常传送一个字或一个字节。传送完成后，继续执行原程序。该方式在一定程度上实现了 CPU 与外设之间的并行工作方式，若某一时刻有几台设备发出中断请求，则 CPU 可根据预先设定好的优先级执行和处理几台外设的数据传送，但是对于工作频率高的外设，如磁盘、数据交换，通常是成批进行的，若采用该方式，则不合适。

直接贮存器访问方式的工作原理是在外设和主存之间开辟直接的数据通道，在正常工作时，所有的工作周期均用于执行 CPU 的程序，当外设完成 I/O 的准备工作后，占用 CPU 的工作周期，与主存直接交换数据，完成后，CPU 继续控制总线，执行原程序。

I/O 通道控制方式通过 CPU 向通道发出 I/O 指令，指明通道程序在内存中的位置，并指明要操作的是哪台 I/O 设备，之后 CPU 切换至其他进程执行。通道执行内存中的通道程序（其中指明了要读入或写出多少数据，以及读/写数据应放在内存的什么位置等），通道执行完规定的任务后，向 CPU 发出中断信号，对中断进行处理。在该类数据传输方式中，每次传输的数据为一次读或写的一组数据块。数据的流向为：在读操作中，由 I/O 设备流向内存；在写操作中，由内存流向 I/O 设备。

在 I/O 处理机方式中，有单独的贮存器和独立的运算部件，可访问系统的内部贮存器。除数据传输外，I/O 处理机方式还能处理传送过程中的出错或异常情况、数据格式翻译、数据块校验等。

数据的传输安全即保护网络中传输数据的完整性、保密性、可用性及用户定制等特性。

数据信息的传输安全要求：在对数据信息进行传输时，应在风险评估的基础上采用合理的加密技术。在选择和应用加密技术时，应当符合以下规范。

（1）必须符合国家有关加密技术的法律法规。

（2）根据风险评估确定保护登记，并以此确定加密算法的类型、属性，以及所用密钥的长度。

（3）听取专家建议，确定合适的保护级别，选择能够提供所需保护的合适工具。

（4）机密和绝密信息在贮存与传输过程中必须加密，加密方式可分为对称加密和不对称加密。

（5）机密和绝密信息在传输过程中必须使用数字签名，以确保信息的不可否认性。在使用数字签名时，应符合以下规范。

① 充分保护私钥的机密性，防止窃取伪造密钥持有人的签名。

② 采取保护公钥完整性的安全措施，如使用公钥证书。

③ 确定签名算法的类型、属性及所用密钥的长度。

④ 用于数字签名的密钥应不同于用来加密内容的密钥。

数据信息安全等级经常需要变更，一般，数据信息安全等级变更首先需要由数据资产的所有者进行，然后改变相应的分类并告知信息安全负责人进行备案。对于数据信息的安全等级，应每年进行评审，只要实际情况允许，就进行数据信息安全等级递减，这样可以降低数据防护的成本，并增加数据访问的方便性。

3.2.2.2 控制功能优先级

【内容】

H.11.12.4.2 应注意控制功能优先级不应导致危险情况的发生。

通过检测以核验控制功能优先级是否符合要求。

【注释】

本节简要引出了控制功能优先级规范。

优先控制是指优先通行权的控制方式。控制功能优先级应进行正确的划分，首先需要摆脱的 4 个误区包括：认为所有的控制功能都优先；认为优先的功能是最简单的功能；制定优先级不考虑功能潜在的风险；在做软/硬件开发时，没有明确什么叫作最优先。然后，控制功能的划分还应考虑安全性，控制功能之间的优先级顺序不应引发不可知的危险。

3.2.2.3 远程复位动作

【内容】

H.11.12.4.3.1 远程复位动作需要手动启动。当由手持设备启动复位功能时，至少需要两个手动动作来激活复位。

注：这两个手动动作被认为是分散且独立的。

H.11.12.4.3.2 复位功能应能按照预期对系统进行复位。

H.11.12.4.3.3 不得从安全状态进行非预期的重置。

H.11.12.4.3.4 复位功能的任何故障都不应使控制器或被控制功能处于危险状态，并应按 B 类分级对其进行评估。

H.11.12.4.3.5 对于在应用中看不见的手动复位功能，必须附加以下要求。

（1）在复位动作的前、中、后期，用户都能看到受控过程的实际状态和相关信息。

（2）应声明一段时间内复位动作的最大次数（如 15min 内 5 次）。此后，除非应用为物理检查，否则任何更多的复位都将被拒绝。

H.11.12.4.3.6 在最终应用程序上考虑复位函数的评估。

复位功能应在最终应用程序上进行评估。

注 1：远程复位需求由最终产品需求决定（如锅炉标准）。

注 2：并非所有类型的远程复位功能都适用于某些应用。

如果复位是由恒温器或具有类似功能装置的手动开关激活的，则应由制造商声明，并在最终应用中适用。

【条款目的与意图】

从安全角度增加对复位动作的说明，引出远程复位动作应该注意的一系列事项。

【注释】

在远程复位控制设备中,通常有以下几种实现复位的方式。

(1) 外部复位。

(2) 上电复位。

(3) 电压检测复位。

(4) 看门狗复位。

(5) 系统时钟复位。

(6) 修整数据复位。

(7) 闪存待机复位等。

电子控制器通过数字接口与上位机进行信息交换,当复位异常时,可能导致上层功能出现错误。

从单片机方面来讲,其复位动作包括外部复位、上电复位、低电压复位、软件复位、双总线故障复位、时钟丢失复位等。其中,外部复位影响时钟模块和所有内部电路,属于同步复位,外部 Reset 引脚为逻辑低电平,引脚变为低电平后,CPU 的复位控制逻辑单元确认复位状态,直到 Reset 释放。上电复位是由外部总线产生的一种异步复位,单片机在电源电压大约低于 2.5V 时,只要不超过该阈值,单片机仍保持复位状态。低电压复位是部分单片机内部监控器形成的异步复位,当单片机电压低于一定的触发阈值时,单片机开始复位。软件复位是指由软件看门狗定时器超时引发的异步复位,如果开启软件复位功能,则应注意设置软件内部寄存器,使之有效,防止程序跑飞。双总线故障复位是由双总线错误监视器产生的异步复位,是总线错误的特殊状态,会导致中止异常处理。时钟丢失复位参考时钟子模块消失时产生的同步复位,若要使复位有效,则应设置同步状态寄存器。

3.2.2.4 软件下载和安装

【内容】

H.11.12.4.4.1 对于由制造商提供的通过远程通信传输到控制器设备的 B 类和 C 类软件更新,应在使用前进行检查。

(1) 为避免通信过程中的数据损坏,应确保 B 类软件使用汉明距离 3 或 C 类软件使用汉明距离 4。

(2) 根据版本管理文档,检查该软件版本是否兼容控制器的硬件版本。

此外,执行上述检查的软件应包含 H.11.12.2 中列出的控制故障/错误条件的措施。

H.11.12.4.4.2 如果通过远程通信方式下载软件,则需要提供 H.11.12.4.5 中列出的加密技术。除 H.11.12.4.5 的要求外,还应提供软件包的鉴别程序。

加密技术应是控制器的一部分,而不依赖于路由器或类似的数据传输设备本身,并应在传输之前执行。

H.11.12.4.4.3 对于每次软件更新,控制器应有规定为用户授权可访问的版本 ID 号。

H.11.12.4.4.4 对于 B 类软件或 C 类软件,若在软件安装过程中和安全之后,其安全控制功能仍然满足标准要求,则允许其安装。

通过软件检测以核验软件的控制功能的符合性。

【注释】

本节引出了软件下载与安装相关的常规注意事项和安全方面的注意事项。

软件更新是指软件开发者在编写程序时,由于设计人员考虑不全面或程序功能不完善,在软件发行之后,通过对程序的修改或加入新的功能,再次发布并部署到目标系统的过程。对于嵌入式系统类型,一般情况下,这些节点的系统软件更新需要以串行通信接口方式,用有线电缆连接到上位机,依次对每个节点的软件进行更新。

软件版本号通常分为几个阶段,在 Alpha 版本中,软件主要以实现软件功能为主,通常只在软件开发者内部交流,一般而言,该版本的缺陷较多,需要继续修改,若此时上线,则后期更新的成本较大;Beta 版本相对于 Alpha 版本而言已有很大的改进,消除了严重错误,但还存在一定的缺陷,需要多次测试以进一步消除;RC 版本已相当成熟,基本不存在导致错误的缺陷,与即将发行的版本相差无几;Release 版本意味着"最终版本",是在前面版本测试之后的一个正式版本,是最终交付用户使用的一个版本,可称为标准版。

当通过远程通信方式进行软件下载时,通常使用加密技术。数据加密的基本过程是对原来明文的文件或数据以某种算法进行处理,使其成为不可读的一段代码,称为密文,使其只能在输入相应的密钥之后才能显示出原本内容,通过这样的途径达到保护数据不被非法人员窃取、阅读的目的。

软件故障发生时,通常由用户联系厂商处理故障,从效率角度考虑,电子设备较多,发生故障后,需要专业售后人员排查,有些复杂的偶发故障甚至需要联系主机厂、供应商等多方研发设计人员协调解决,故障复现较为困难。若通过远程通信方式实时采集控制器数据信息,并上传至服务器,则当控制器发生故障时,维修人员可通过监控平台直接查看历史数据和故障代码,快速锁定故障原因并制定相应的解决方案,可以节约大量时间。

3.2.2.5 加密技术

【内容】

在 B 类控制功能或 C 类控制功能相关的运行数据、配置参数和/或软件模块通过公用网络传输,以及/或制造商通过远程通信提供软件更新的情况下,应使用加密技术。

可通过软件检查和技术文件审查检查加密技术是否符合要求，这些技术文件提供了遵循普遍遵守的数据完整性的保护方法。

注：在 ISO/IEC 9796、ISO/IEC 9797、ISO/IEC 9798、ISO/IEC 10118、ISO/IEC 11770、ISO/IEC 14888、ISO/IEC 15946、ISO/IEC 18033、ISO/IEC 29192 和 ISO/IEC 19772 中定义与描述了普遍接受的密码技术的示例。

【注释】

本节简要说明了加密技术在控制器安装、使用或更新过程中的关键作用。

公共传输网络或公用互联网涉及资源共享、网络信息安全和软件等多方面内容。计算机网络信息安全要求保护网络系统中的硬件、软件系统和各类数据免受偶然因素或恶意入侵而使其中的数据或信息遭受更改、泄露和破坏。

目前，有链路、节点和端到端 3 种网络数据传输常用的加密方法，这 3 种加密方法主要是对加密保护的对象有所区别。例如，节点加密和链路加密均对传输过程中的节点内的信息进行加密；而端到端则不需要在传输过程中进行加密，只在发送和接收时分别进行加密与解密。

链路加密是在计算机互联网传输路径的节点上进行的加密，通常也称为在线加密，信息在每个节点上均被进行加密和解密操作，且每一步使用的密钥都不同，因此，信息在不同的节点上的形式和内容不同，这样保证了一定的数据安全性。一条信息在到达目的地前，往往会通过多条通信链路，因此，这种方法下的信息在传输过程中会经历多次加密和解密操作，这种加密模式为信息提供了层次性保障。

节点加密模式与链路加密模式的大致步骤相同，均在传输的节点内对数据进行加密和解密操作，不过由于节点加密技术不允许信息在节点上以明文的形式出现，所以要求报头和路由均是未被加密的明文。在同一节点内，节点加密要首先对信息进行加密，然后用另一套不同的密钥对明文进行加密。节点加密技术容易出现传输失败和丢失的情况。在实际操作过程中，要求路由信息和报头均以明文形式传输，并对中间节点接收处理信息的能力提出一定的要求。

端到端加密技术指的是发送端的数据的传输形式为密文传输，在数据接收之前，所有环节内均不能进行解密，从而保护信息。端到端加密技术可以避免在节点加密和解密时产生的隐患，如节点的损坏。此种加密技术价格低廉、技术设计简单、维护容易、操作方便、便于学习。

当数据通过远程通信方式或公用网络传输后，需要对软件进行技术文件审查或安全检查，通常包括检测操作系统安全、数据库安全、Web 安全、软件的发布与安装安全，以及协议与接口攻防、敏感数据保护等的安全性。其中，操作系统安全可分为系统漏洞（操作系统补丁)、系统配置(安全加固)等,数据库安全可分为数据库漏洞补丁、数据库配置安全加固,Web 安全可细分为身份验证、验证码、回话管理、权限管理、敏感信息管理、安全审计、信息泄露、输入校验、输出编码、上传下载、异常处理、注释代码等,软件的发布与安装安全包括对发布软件的完整性校验,协议与接口攻防安全可解释为业务交互数据在网络中使用的协议安全性测试,敏感数据保护涉及对密码、密钥、会话标识、个人信息、商业机密、客户信息等的加密、贮存位置、传输方式等的安全性处理。

第4章

软件生命周期要求解析

软件生命周期指从软件的产生到报废或停止使用的生命周期。软件生命周期内有问题定义、可行性分析、总体描述、系统设计、编码、调试和测试、验收与运行、维护升级、废弃等阶段,也有将以上阶段的活动组合在内的迭代阶段,即迭代作为生命周期的阶段。在GB/T 8566—2007《信息技术 软件生存周期过程》中,把软件生命周期划分为 8 个阶段,分别为可行性研究与计划、需求分析、概要设计、详细设计、实现、集成测试、确认测试、使用和维护。这样使得每个阶段都有明确的任务,使规模大、结构复杂和管理复杂的软件开发变得容易控制与管理。

软件生命周期模型是描述软件开发过程中各项活动如何执行的模型,各种模型确立了软件开发中各阶段次序限制,以及开发过程中遵守的规定和限制。几种典型的软件生命周期模型有瀑布模型、演化模型、螺旋模型、喷泉模型等。其中,瀑布模型是最早出现的软件开发模型,将软件生命周期的各项活动规定为按照固定顺序连接的若干阶段工作,如同瀑布流水,逐级下落。瀑布模型的特点在于,理想化模型,要求有明确的需求分析;各阶段划分完全固定且线性,只有在过程后期才能看到开发成果,增加了开发风险;无法适应用户需求的变化。演化模型是一种全局的软件周期模型,使用迭代的开发方法,根据用户的基本需求,通过快速分析构造出该软件的一个初始可运行版本;根据用户在使用过程中所提的意见,对该版本进行改进,获得新版本,重复此过程,直至生产出用户满意的软件产品。演化模型的特点在于采用动态定义需求的方法,无须明确需求,但需要严格的过程管理,否则将退化为"试—错—改"模式。螺旋模型将瀑布模型和演化模型结合起来,加入两种模型均忽略的风险分析。螺旋模型将开发过程分为几个螺旋周期,每个螺旋周期大致和瀑布模型相符合,从概念项目开始第一个螺旋,每个螺旋周期将工作分为制订计划、风险分析、实施工程和用户评估 4 个阶段。螺旋模型的特点在于开发周期长,可能与当前技术水平存在较大差异。喷泉模型是一种以用户需求为动力,以对象为驱动的模型,适合面向对象的开发方法。它克服了瀑布模型不支持软件重用和多项开发活动集成的局限性,使得开发过程具有迭代性和无间隙性。喷泉模型的特点在于所有的开发活动都没有明显的边界，允许各项活动交叉进行，但不利于项目的管理，审核难度加大。

V模型、W模型、H模型、原型进化模型和增量模型等都融合了以上典型模型的一些特点，在原有基础上进行了改进。传统的软件生命周期模型为V模型，适用于一些传统信息系统应用的开发，对于一些高性能、高风险的系统，以及互联网软件或系统无法实现具体模块化的情况，难以做成V模型所需的构架。V模型讲究开发和测试同时进行，以缩短开发周期、提高开发效率，其开发过程包括可行性分析、需求分析、概要设计和详细设计；测试过程包括单元测试、集成测试、系统测试和验收测试，分别与开发过程一一对应。需求分析阶段对应生成需求规格说明书，对应测试生成系统测试方案，为系统测试做准备。该阶段已完成了单元测试和集成测试，主要对软件产品的功能和非功能进行测试，几乎不测试代码，因此测试方法为黑盒测试。概要设计阶段对应生成概要设计说明书，对应测试生成集成测试方案。该阶段已完成单元测试，是将各个功能模块组装起来进行的测试，也称为集成测试，主要测试模块接口是否正常、是否可用，数据传输是否正确等，因此，用到的测试方法主要为白盒测试，如路径覆盖、条件组合覆盖等。详细设计阶段对应生成详细设计说明书，对应测试生成单元测试方案。该阶段是开发人员编码后的第一个测试阶段，是对开发出来的单元模块进行的测试，以确保每个功能模块的功能正常，可以构建桩模块和驱动模块来回调用，方法以白盒测试为主。

W模型相对于V模型，增加了软件开发各阶段中同步进行的验证和确认活动，具体表现为两个V型模型，分别代表测试过程和开发过程，并明确表示出测试与开发的并行关系。W模型强调测试应伴随整个软件开发周期，而且测试对象不仅是程序，还应包括需求、设计等开发输出的文档，包括需求设计文档、概要设计文档、详细设计文档和代码文档等，即测试与开发同步进行。W模型的优点在于尽早地全面发现问题。例如，需求分析完成后，测试人员应参与到对需求文档的验证和确认活动中，以尽早发现缺陷所在，降低开发成本。另外，对需求的测试也有利于及时了解项目难度和测试风险，及早制定应对方案，显著缩短总体测试时间，加快项目进度。

H模型提倡者认为测试是一个独立的过程。H模型将测试活动分离开来，形成一个完全独立的流程，并将测试准备活动和测试执行活动清晰地体现出来，演示了整个生命周期中某个层次上一次软件测试的"微循环"。H模型的优点在于，软件测试完全独立，贯穿于整个生命周期，可与其他模型并发进行；软件测试可以尽早准备、尽早执行，具有很强的灵活性；软件测试可根据被测物的不同而分层次、分阶段、分次序执行，同时可以迭代。H模型的缺点在于，模型的灵活性导致规则和管理制度的制定必须清晰；要求合理制定每个迭代的规模大小；测试就绪点难以把握；对整个项目的人员要求高，以避免因个别人员技能不足而使项目受到强干扰。

原型进化模型针对有待开发的软件系统，先开发一个原型系统供用户使用，然后根据用户使用情况的意见反馈，对原型系统进行不断修改，使之逐步接近并最终达到开发目标。原型进化模型将软件的需求细部定义、产品开发和有效性验证放在同一个工作进程中，交替或并行运作，在获得软件需求框架后，如软件的基本功能被确定以后，可直接进入对软件的开发中。原型进化模型的优点在于适合用户急需的软件产品开发，能快速向用户交付可以投入实际运行的软件成果，并能很好地适应软件用户对需求规格的变更。但随之而来的缺点在于，随着开发过程中版本的快速更新，项目管理、软件配置管理变得复杂，难以把握开发进度；软件版本的快速变更可能损伤软件的内部结构，使其缺乏整体性和稳定性，影响今后对软件的维护。

增量模型将待开发的软件系统模块化，将每个模块作为一个增量组件，从而分批次地分析、设计、编码和测试这些增量组件。相对于瀑布模型，采用增量模型进行开发，开发人员无须一次性将整个软件产品提交给用户，而是分批次提交。增量模型是瀑布模型和原型进化模型的综合，对软件过程的考虑是，在整体上按照瀑布模型的流程实施项目开发，以方便对项目的管理；在实际开发过程中，将软件系统按照功能分解为许多增量组件，并以增量组件为单位逐个创建与交付，直至增量组件创建完毕，并都被集成到系统中而交付用户使用。在系统开发前期，为确保所创建系统具备优良的结构，需要对系统进行需求分析和概要设计，需要确定系统基于增量组件的需求框架，并以需求框架中增量组件的组成及关系为依据，完成对软件系统的体系结构设计；之后进行增量组件的开发，需要对增量组件进行需求细化，并进行设计、编码测试和有效性验证；在完成对某个增量组件的开发后，需要将其集成到系统中，并对已经发生改变的系统重新进行有效性验证，继续进行下一个增量组件的开发。增量模型的优点在于，用户需求逐渐明朗，有效适应用户需求的变更；软件系统可按照增量组件的功能安排开发的优先顺序，并逐个实现和交付使用，从而更好地适应新的软件环境。用户在以增量方式使用系统的过程中，获得对软件系统后续部件的需求经验；开发者在逐步扩展过程中，逐步积累开发经验，且有助于技术复用，前面环节的增量组件中设计的算法、采用的技术策略、编写的源码等均可应用至后续所要创建的增量组件中。

在以上几种模型中，V 模型强调整个软件项目开发中需要经历的若干测试级别，且每个级别与一个开发级别相对应；但忽略了测试的对象不应只包括程序，或者没有明确指出应该对软件的需求、设计进行测试，这一点在 W 模型中得到了补充。W 模型强调测试计划等工作的先行与对系统需求和系统设计的测试，但它同样没有专门对软件测试的流程予以说明。随着对软件质量的要求越来越高，软件测试也逐渐发展为一个独立于软件开发部的组织，就每个软件测试细节而言，有着独立的操作流程，这一理念在 H 模型中得到了体现，表现为测试的独立性。

软件安全集成和开发生命周期如图 4.1 所示。图 4.2 在图 4.1 的基础上进行了一定的改进，表示出了软件生命周期 V 模型的具体内容，为软件生命周期的每个阶段划分了基本行为，并为每个阶段指定了范围、输入和输出。软件级别下的软件生命周期可分为设计、编码和测试 3 个阶段。软件设计大致分为需求设计、结构设计和模块设计；测试分为模块测试、集成测试和确认测试，分别验证规格说明中的模块设计、结构设计和需求设计。软件层面的需求设计、结构设计分别与系统层面的需求设计、结构设计相对应。

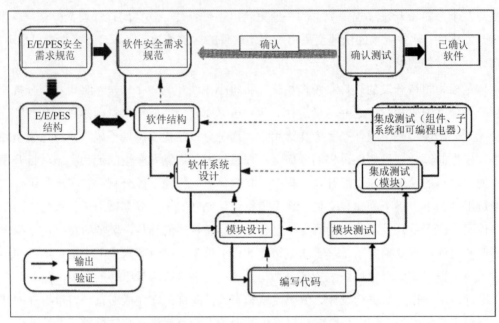

图 4.1 软件安全集成和开发生命周期

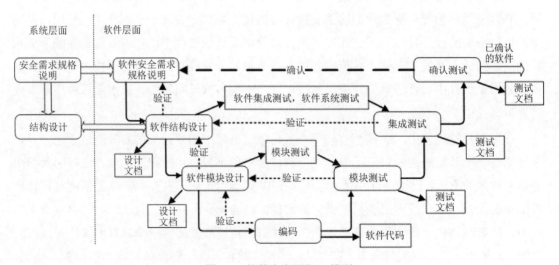

图 4.2 软件生命周期 V 模型

4.1 软件安全需求

软件安全需求规范要求为软件安全生命周期的每个阶段划分基本行为，为每个阶段指定范围、输入和输出。如果满足在软件设计和软件测试阶段的相关规范，则考虑到项目的安全完整性和复杂性，可以修改 V 模型阶段的深度、数量和工作尺寸。在满足本条款下所有目的和要求的情况下，可以接受定制不同于本标准组织结构（即使用其他软件安全生命周期模型）的软件项目，应记录软件安全生命周期行为的结果。如果在软件安全生命周期的任一阶段需要更改一个早期生命周期阶段，则该早期生命周期阶段及其后续阶段应重复进行。软件安全生命周期总览如表 4.1 所示。

表 4.1 软件安全生命周期总览

安全生命周期阶段		目标	范围	输入（所需信息）	输出（所产生信息）
编号项	标题				
1	软件安全需求规范	按照软件安全功能和软件开发完整性的要求，规定软件安全需求；为实现所需安全功能所必需的每个 E/E/PE 安全系统指定软件安全功能需求；为达到安全完整性水平所需的每个 E/E/PE 安全系统规定软件安全完整性需求	PES；软件系统	E/E/PE 安全需求规范	软件安全需求规范
2	软件安全确认计划编制	编制确认软件安全的计划	PES；软件系统	软件安全需求规范	软件安全确认计划
3	软件设计和开发	结构：根据所需的安全完整性水平创建软件结构，完成规定的软件安全需求；通过 E/E/PE 安全系统的硬件结构查看并评价对软件的要求，包括 E/E/PE 硬件或软件相互配合对被控设备安全的重要性	PES；软件系统	软件安全需求规范；E/E/PE 硬件结构设计	软件结构设计描述；软件结构集成测试技术规范；软件/可编程电子集成测试技术规范
		支持工具和编程语言：为所需的安全完整性水平选择合适的工具集（包括语言和编译器），用于软件整个安全生命周期的验证、确认、评价和修改	PES；软件系统；支持工具；编程语言	软件安全需求规范；软件结构设计描述	开发工具标准和开发工具的译码选择
		详细设计和开发（软件设计）：根据所需的安全完整性水平设计和实现软件，完成规定的软件安全需求，可进行分析、验证，并能进行安全修订	软件主要组件和子系统的结构设计	软件结构设计描述；支持工具和编码标准	软件系统设计技术规范；软件系统集成测试技术规范
		详细设计和开发（单个软件模块设计）：根据所需的安全完整性水平设计和实现软件，完成规定的软件安全需求，可进行分析、验证，并能进行安全修订	软件系统设计	软件系统设计技术规范；支持工具和编码标准	软件模块设计技术规范；软件模块测试技术规范

续表

安全生命周期阶段		目标	范围	输入(所需信息)	输出(所产生信息)
编号项	标题				
3	软件设计和开发	详细代码实现：根据所需的安全完整性说明，设计和实现完成指定软件安全需求的软件，可进行分析、确认，并能进行安全修订	单个软件模块	软件模块设计技术规范；支持工具和编码标准	源代码列表；代码查看报告
		软件模块测试：确认实现了软件安全需求（所需软件安全功能和软件安全完整性），表明每个软件模块执行其期望功能，且未执行非预期功能	软件模块	软件模块测试技术规范；源代码列表；代码查看报告	软件模块测试结果；经确认并测试的模块
		软件集成测试：确认完成了软件安全需求（所需软件安全功能和软件安全完整性），表明所有软件模块、组件和子系统正确配合，以执行其预期功能且未执行非预期功能	软件结构软件系统	软件系统集成测试技术规范	软件系统集成测试结果；经确认并测试的模块
4	可编程电子集成（硬件和软件）	将软件集成到目标可编程电子硬件中；将软件和硬件组合到安全可编程电器上，以确保其兼容性，并达到安全完整性水平的预期要求	可编程电子硬件；集成软件	软件结构集成测试技术规范；可编程电子集成测试技术规范；集成可编程电器	软件结构集成测试结果；可编程电子集成测试结果；经确认和测试的集成可编程电器
5	软件操作和修改步骤	提供有关软件的必要信息和步骤，以确保在操作和修改期间维持E/E/PE安全系统的功能安全	可编程电子硬件；集成软件	软件生命周期全部文档	软件操作和修改步骤
6	软件安全确认	确保集成系统在预期安全完整性水平上满足指定的软件安全需求	可编程电子硬件；集成软件	软件安全确认计划	软件操作和修改步骤
7	软件修改	对已确认软件进行修正，使之增强或变通，以确保维持所需的软件安全完整性水平	可编程电子硬件；集成软件	软件修改步骤；软件修改要求	软件修改影响的分析结果；修改日志
8	软件验证	对于安全完整性水平所需的范围，测试并评价已知软件安全生命周期阶段的输出，以确保作为该阶段输入的输出与标准的正确性和一致性	依赖于阶段	适合的确认技术（依赖于阶段）	适合的确认报告（依赖于阶段）
9	软件功能安全评定	对E/E/PE安全系统实现的功能安全进行调查并得出评价	1~8阶段	软件功能安全评定计划	软件功能安全评定报告

4.2 软件结构设计

软件结构概念的提出最初是为了解决从软件需求向软件实现的平坦过渡问题，作为从需求到实现的桥梁。早期的软件结构研究主要集中在软件生命周期的设计阶段，关注如何通过软件结构解决软件系统的前期设计问题，如体系结构描述语言，体系结构风格，体系结构的验证、分析和评估方法等；此后，软件结构的研究拓展到整个软件生命周期，如前期考虑在需求中引入对体系结构的研究，后期考虑如何使用软件结构支持系统的实现、组装、部署，以及维护阶段的演化、复用等。

软件结构的描述通常分为3个层次：①软件结构的概念，即软件结构模型由哪些元素组成，这些组成元素之间按照何种原则组织；②体系结构描述语言，在基本概念的基础上选取适当的形式化或半形式化方法来描述特定的体系结构；③从不同的视角描述特定系统的体系结构，从而得到多个视图，并将这些视图组织起来以描述整体的结构模型。

软件结构贯穿于软件的整个生命周期，但在不同阶段对软件结构的约束规范力度有所不同，在设计和实现阶段，对软件结构的关注最多。软件结构定义了软件的主要组件和子系统，以及它们之间的互联方式与所需属性（特别是安全完整性）的实现方式。主要软件组件的例子包括操作系统、数据库、装置输入/输出子系统、通信子系统、应用程序、编程工具和诊断工具等。

软件结构设计的目的是在软件需求基础上设计出软件的总体结构框架，实现软件模块划分、各模块之间的接口设计、用户界面设计、数据库设计等，为软件的详细设计提供基础。

传统的设计概念只包括构建及基本模型的互联机制，组件间的互联机制独立出来，成为与构件同等级别的一阶实体，称为连接子，可用于通信、协调、转换和辅助交互。其中，通信和协调分别关注组件之间数据流与控制流的传递；转换负责在通信和协调出现失配时，转换数据格式、协议等；辅助交互负责协调异构的组件交互或优化组件的交互。

提交软件结构设计应当由软件供应商和/或开发人员完成。软件结构设计的描述应当是详细的，描述应当选择和证明软件安全生命周期阶段所需的整套技术与方法，以所需的安全完整性水平满足软件安全需求规范。软件结构设计策略包括冗余和分集，同时，容错和故障避免都是软件设计策略。

（1）在对组件/子系统进行分块的基础上，为每块提供下列信息。

① 是否预先已经过验证及其验证条件。

② 每个子系统/组件安全与否。

③ 子系统/组件的软件安全完整性水平。

（2）确定所有软/硬件的相关作用，评价并详细说明其重要性。

（3）使用符号表示明确定义的结构或限制为明确定义特性的结构。

（4）选择用于维护全部安全完整性数据的设计特性，此类数据包括装置输入/输出数据、通信数据、操作人员接口数据、维护数据和内部数据库数据。

（5）规定合适的软件结构完整性测试，以确保软件结构在所需的安全完整性水平上满足软件安全需求规范。

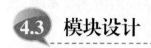 模块设计

模块设计是软件设计阶段的任务之一，可初步编制软件集成测试计划；定义模块接口并设计数据结构；设计模块的内部细节，包括算法和数据结构，从而为源代码编写提供必要的说明。具体的实施步骤如下。

（1）给出各个模块的功能描述、数据接口描述及全局数据定义。

（2）根据软件可靠性要求，对各功能模块进行可靠性指标分配和相应的可靠性设计。

（3）进行安全性分析，使安全性关键的软件设计符合安全性要求。

（4）初步编制软件集成测试计划。

（5）确定所有模块的功能及详细的接口信息。

（6）对构成软件系统的各功能模块逐步细化，形成若干可编码的程序模块或程序单元。

软件设计主要通过需求分析的结果对软件结构中表述的各个模块进行深入分析、对各模块组合进行分析等，将软件系统划分为大大小小的模块，并设计出每个模块的具体结构，这一阶段要求达到伪代码级别，并需要包含数据库设计说明。

模块设计的主要任务在于对每个模块完成的功能进行具体描述，并把功能描述转变为精确的结构化过程。根据前面对结构设计的相关描述，可将软件合理地细化/划分为模块，具体要求如下。

（1）结构稳定性：在软件设计阶段，当把一个模块划分为更小的模块时，要设计合理，使得系统结构健壮，以便适应用户的需求变化。

（2）可拓展性：当软件必须增加新的功能时，可在现有模块的基础上创建新的模块，该模块继承了原有模块的特性，并且具备一定的创新特性，从而实现软件的可重用性和可拓展性。

（3）可组合性：若干模块经过组合形成大系统。模块的可组合性可提高软件的可重用性和可维护性，并且能简化软件开发过程。

（4）高内聚性：强调模块内的功能联系，每个模块只完成特定的功能，不同模块之间不会有功能的重叠。

（5）低耦合性：强调多个模块之间的关系，模块之间相互独立，即修改某一个模块不会影响其他模块。

根据软件的开发特性，与详细设计和开发要求保持一致的任务可以取决于供应商或用

户，或者取决于两者。在开始进行模块设计时，应遵守软件安全需求规范、软件结构设计描述、验证软件安全的计划等。应当规定每个软件模块的设计和用于每个软件模块的测试。

 编码

程序编码是将软件设计结果转换成计算机可运行的程序代码的过程，程序代码的编写应以降低复杂度为目标，以更简单、通用和可维护的状态投入下面的环节，以降低后期的运行成本。通过减少软件模块的路径数量，可以降低代码流动路径的错误率；通过避免复杂的分支，可以降低代码运行中可能出现的报错概率；采用分治算法的思想，将算法规模缩小到可以解决的程度，从而避免使用复杂的计算、增加软件结构的复杂性。

在编写程序时，强调使用集中基本控制结构，通过组合嵌套，形成程序的控制结构。在程序设计过程中，尽量遵循自顶向下和逐步细化的原则，由粗到细，一步步展开。结构化程序设计的原则应至少包括以下几点：① 使用语言中的顺序、选择、重复等有限的基本控制结构表示程序逻辑；② 选用的控制结构只准许有一个出口和一个入口；③ 程序语句组成容易识别的块，每块只有一个入口和一个出口；④ 复杂结构应使用基本控制结构进行组合嵌套来实现；⑤ 对于语言中没有的控制结构，可用一段等价的程序段模拟，但要求该程序段在整个系统中应前后一致；⑥ 应严格控制 GOTO 语句，只有在用一个非结构化的程序设计语言中实现一个结构化的构造，或者在某种可以改善而不损害程序可读性的情况下才可以使用 GOTO 语句。

大量使用 GOTO 语句实现控制路径会使程序路径复杂混乱，使程序质量受到影响，因此需要控制该语句的使用。对于模块/类，遵循大道至简的原则，简化系统工作，以更少的代码进行编写，减少漏洞，增强代码的可修改性；在一个程序中，每个重要的功能块应只出现在源文件的唯一位置来实现，当相似功能被不同的代码块声明时，通过抽象出不同的部分将其组合到一个文件中得以应用。

因此，程序编码过程需要遵循以下几点原则。

（1）编写规范需要符合标准并统一，以保证程序的可读性、易维护性。

（2）降低模块间接口的复杂性和模块间的耦合度。

（3）设计更为通用的接口，即"一个接口，两个实现"。

（4）复杂性下沉：将处理复杂性问题的层次降低，即若复杂性与下层的功能相关，或者下移能大大降低其他层次/整体的复杂性，则进行复杂性下沉。

程序的静态分析指不实际运行程序，而通过词法分析、语法分析、控制流、数据流等技术对源码进行扫描分析。

控制流分析是指使用控制流程图系统地检查被测程序的控制结构的工作，控制流按照结构化程序规则和程序结构的基本要求进行程序结构检查，要求被测程序不应包含：①转向并不存在的语句标号；②没有使用的语句标号；③没有使用的子程序定义；④调用并不存在的子程序；⑤从程序入口进入后无法达到的语句；⑥不能达到停止语句的语句。其中，控制流程图是一种简单的程序流程图，由节点和弧两种图形符号构成。

数据流分析是指用控制流程图分析数据发生异常的过程，这些异常通常包括被初始化、被赋值、被引用过程中行为序列的异常。数据流分析也作为数据流测试的预处理过程。数据流分析首先建立控制流程图，然后在图中标注某个数据对象的操作序列，遍历控制流程图，形成这个数据对象的数据流模型，并给出这个数据对象的初始状态，利用数据流异常状态图分析数据对象可能存在的异常。数据流分析可以查出的异常或错误情况包括引用未定义变量、对以前未使用的变量进行再次赋值等。

代码走查通常是一种多人共同进行的测试活动，要求尽可能多地提供测试实例，作为怀疑程序逻辑与计算错误的启发点，随测试实例遍历程序逻辑，在怀疑程序的过程中发现错误。因此，代码走查通常要求资深程序员与专职测试人员参与。

程序的静态分析是与开发和代码直接相关的技术过程，用来验证代码是否满足规范性、安全性、可靠性和可维护性等指标。目前的静态分析技术向模拟执行的技术方向发展，以发现更多的缺陷，这些缺陷在传统意义上只有进行了动态测试才能被发现。静态分析技术的进行通过依赖一定的静态分析器来检查代码，如静态分析器、Pagai 静态分析器/验证器等，以进行模式匹配和规则扫描。

4.5 测试

软件测试是使用人工或自动的手段来运行或测定某个软件系统的过程，目的在于检验软件系统是否满足规定的需求或弄清预期结果与实际结果之间的差别。从阶段划分来看，软件测试可分为模块测试、集成测试、系统测试和验收测试。

4.5.1 模块测试

在测试过程中，我们在很大程度上容易忽视软件测试的机制及被测程序的规模，实际上，大型软件程序（通常指超过 500 条语句的程序）需要特别的测试对策。模块测试也称单元测试，是对程序中单个子程序过程进行的测试，也是对软件基本组成单元进行的测试，是检验程序的最小单元，是检查模块有无错误必须进行的测试工作。它一开始便将测试注意力集中在构成程序的较小模块上，这样做的动机有 3 点：①将注意力集中在较小模块上是一种管理组合的测试元素的手段；②降低了调试（准备定位并纠正某个已知错误的过程）

的难度，一旦某个错误被发现，就可立刻定位到具体程序中；③模块测试提供了同时测试多个模块的可能性，将并行工程引入软件测试中。模块测试根据程序开发阶段的规格说明及程序内部结构设计出合适的测试用例，并利用该测试用例运行软件，以尽早并尽可能多地发现软件中的缺陷，及时更新测试过程中出现的问题，提高软件产品的质量。

模块并不是一个独立的程序，在测试模块时，要考虑它与外界的联系，用一些辅助模块模拟与所测模块相联系的其他模块，这些辅助模块通常包括：驱动模块，相当于所测模块的主程序，需要主程序接收测试数据，并将这些数据传送给所测模块，输出实测结果；桩模块，也称存根模块，用以代替所测模块调用的子模块，可做少量的数据操作，无须把子模块所有功能都带进来，但不允许不做任何事情。所测模块、与其相关的驱动模块及桩模块共同构成一个"测试环境"。

模块测试由3个阶段组成，区分为多个基础行为：①定义测试计划；②获取测试集；③模型测试。其中，在定义测试计划中，包括为通用方法、资源和调度制订计划，决定所测试模块的特性和精炼通用测试计划3方面基础行为；在获取测试集中，通常包括设计测试集、实施和精炼计划与设计两方面基础行为；模型测试包括执行测试过程、终止检查、评估测试工作量和工作单元3方面基础行为。使用自动化测试工具可以使测试过程中的枯燥劳动减至最少，现有的测试工具可降低我们对驱动模型的需求；流程分析工具可以列举出程序中的路径、找出从未被执行的语句（不可达代码），并找出变量在赋值前被使用的实例。

完备的软件模块测试包括静态测试和动态测试。静态测试不通过执行程序，仅通过分析或检查源程序的语法、结构、过程、接口等来检查程序的正确性。静态测试通过找出欠缺或可疑之处，如不匹配的参数、不适当的循环嵌套和分支嵌套、不允许的递归、未使用的变量、空指针的引用和可疑的计算等来纠正软件系统在描述、表示和规格上的错误。静态测试结果可用于进一步查错，并为测试用例选取提供指导，是进一步测试执行的前提。传统的静态测试无法覆盖和穷尽所有的可能，对于高安全性需求，无法提供完整的测试证据。而形式化验证技术可帮助我们检查设计的安全性，基于数学逻辑进行静态分析，是传统静态分析技术的有效补充。

动态测试运行被测程序，检查运行结果与预期结果的差异，并分析运行效率和健壮性等性能。动态测试过程包括构造测试实例、执行程序、分析程序的输出结果。动态测试按照不同的分类角度可划分为以下几种类型：①从是否关心软件内部结构和具体实现的角度，分为白盒测试、黑盒测试和灰盒测试；②从软件开发过程的角度，分为单元测试、集成测试、确认测试、系统测试、验收测试和回归测试；③从测试执行时是否需要人工干预的角度，分为人工测试和自动测试；④从测试实施组织的角度，分为开发方测试、用户测试和第三方测试。

动态测试中涉及代码验证的部分包括了大部分的功能测试和一部分的统计测试。其中，功能测试可分为白盒测试和黑盒测试，主要考察代码与需要实现功能的匹配程度，白盒测试按照代码的内部结构和编码结构设计测试数据并完成测试过程，包含对代码的结构测试和对内部逻辑的驱动测试；统计测试是通过对输入统计分布进行分析来构造测试用例的一种测试设计方法，用于标识出频繁执行的部分，并指导相应地调整测试策略，针对频繁执行的部分进行详尽的测试。

不同的测试方法的目标和侧重点不同，在实际工作中，将静态测试和动态测试结合起来运用，可达到更完美的效果。接下来详述各个测试方法的特性和它们之间的内在联系。

1．白盒测试

白盒测试又称结构测试、透明盒测试、逻辑驱动测试或基于代码的测试，是一种测试用例设计方法。盒子指被测试的软件，白盒指盒子是可视的，即了解盒子内部的东西及里面是如何运行的。通常白盒测试分为 3 步：①根据代码功能，人工设计测试用例，进行基本功能测试；②统计白盒覆盖率，为未覆盖的白盒单位设计测试用例，实现完整的白盒覆盖，比较理想的覆盖率是实现 100%的语句、条件、分支、路径覆盖；③自动生成大量的测试用例，捕捉因"程序员未处理某些特殊输入"而形成的错误。

白盒测试主要用于具有高可靠性要求的软件领域，如军工软件、航空航天软件、工业控制软件等。白盒工具的挑选应考虑对开发语言的支持、代码覆盖的深度、嵌入式软件的测试和测试的可视化等方面。测试工具主要支持的开发语言包括标准 C、C++、Visual C++、Java 和 Visual J++等。白盒测试的覆盖标准包括语句覆盖、判定覆盖、条件覆盖、条件判定组合覆盖、多条件覆盖和修正判定条件覆盖等。对于嵌入式软件的测试，一方面，需要进一步考虑测试工具对嵌入式操作系统的支持能力，如 DOS、VxWorks、Neculeus、Linux 和 Windows CE 等；另一方面，需要考虑测试工具对硬件平台的支持能力，包括是否支持所有64/32/16 位 CPU 和 MCU，以及是否支持 PCI/VME/CPCI 总线等。白盒测试工作量巨大，可视化设计对测试来说显得尤其重要，在选择测试工具时，应考虑该款测试工具的可视化是否良好，测试过程中是否可以显示覆盖率的函数分布图和上升趋势图，是否使用不同的颜色区分已执行和未执行的代码段，是否显示分配内存情况实时图表等。

白盒测试的测试方法运用最广泛的是基本路径测试法。该测试法在程序控制流程图的基础上，通过分析控制构造的环路（圈）复杂性，导出基本可执行路径集合，从而设计出测试用例。测试用例要求测试中程序的每条可执行语句至少执行一次。程序控制流程图用来描述程序控制结构，可将流程图映射为一个相应的流图，在流图中，每个圆点称为流程的结点，代表一条或多条语句，处理方框序列和菱形框可被映射为一个结点，流图中的箭头称为边或连接，代表控制流，类似流程图中的箭头；环路复杂度是一种为程序逻辑复杂性提供定量测度的软件度量，将该度量用于计算程序的基本独立路径数目，是确保所有语句至少执行一次的测试数量的上界；导出测试用例，根据环路复杂度的计算方法得到独立路径，基于路径设计输入数据，使程序分别执行到上述路径中。

2．黑盒测试

黑盒测试又称功能测试或数据驱动测试，针对软件的功能需求/实现进行测试，通过测试检测每个功能是否符合需求，不考虑程序内部的逻辑结构。黑盒测试的主要方法包括等价类划分法、边界值分析法、因果图方法、猜错法和随机数法。

等价类划分法：从划分的等价类中按照以下原则选择测试用例。

（1）为每个等价类规定一个唯一的编号。

（2）设计一个新的测试用例，尽可能多地覆盖尚未被覆盖的无效等价类，直到所有的无效等价类都被覆盖。

边界值分析法：一种补充等价类划分法的测试用例测试方法，选择等价类边界的测试用例。运用边界值分析法选择测试用例的原则如下。

（1）若输入条件规定了值的范围，则应取达到这个范围的边界值，以及刚超过这个范围的边界值作为测试的输入数据。

（2）若输入条件规定了输入值的个数，则用最大个数、最小个数、比最大个数大一的数、比最小个数小一的数作为测试数据。

（3）根据规格说明的每个输出条件使用原则（1）。

（4）若程序的规格说明给出的输入域或输出域是有序集合，则应取集合的第一个元素和最后一个元素作为测试用例。

（5）分析规格说明，找出其他可能的边界条件。

因果图方法：一种利用图解法分析输入的各种组合情况，从而设计测试用例的方法，适用于检查程序输入条件的各种组合情况。因果图方法的提出背景是：等价类划分法和边界值分析法均着重考虑输入条件，而未考虑输入条件的各种组合、输入条件之间的相互制约关系等，这样虽然各种输入条件可能出错的情况均已覆盖，但多个输入条件组合起来可能出错的情况易被忽略。但是，如果测试过程中必须考虑输入条件的各种组合，那么组合数目相当巨大，因此，必须考虑采用一种适合描述各种条件的组合，相应地产生多个动作形式来进行测试用例的设计，这就需要利用因果图（逻辑模型）。

猜错法：基于经验和直觉推测程序中所有可能存在的各种错误，从而有针对性地设计测试用例的方法。猜错法的基本思想在于列举出程序中所有可能有的错误和容易发生错误的特殊情况，根据它们选择测试用例，如输入或输出数据为零时、输入或输出的数目允许发生变化时、程序的规格说明书中遗漏或省略的部分等。

随机数法：其输入不是一直选取有界变量的最小值、略高于最小值、正常值、略低于最大值、最大值，而是使用随机数生成器生成测试用例，以模拟用户的真实操作，这种测试用例的获取需要程序得出，且需要考虑测试覆盖率问题，如无法统计代码覆盖率和需求覆盖率，发现问题难以解决，其专业名称可称为随机测试。

4.5.2 集成测试

集成测试是软件测试的第二阶段，通常要求对已按照程序的设计要求和标准组装起来的模块同时进行测试，明确该程序结构组装的正确性，通过测试发现与模块接口有关的问题，如模块接口的数据是否会在穿越接口时丢失，各个模块之间因某种疏忽而产生不利影响，将模块各个子功能组合起来后产生的功能要求达不到预期的功能要求，一些误差范围内可接受的误差由于长时间积累而达到不能接受的程度，数据因单个模块发生错误而使自身出现错误等。

集成测试的目标是把已通过测试的单元模块集成为一个软件设计说明中描述的程序结构，检验软件单元之间、软件单元和已集成的软件系统之间的接口关系，并验证已集成的软件系统是否符合设计要求。在集成过程中，应避免一次性完成集成，除非软件规模很小，否则应增量式集成。应当按照规定的软件集成测试对软件进行测试，这些测试应当表明所有的软件模块和软件组件/子系统无误地相互作用，以执行其预期功能且不会执行非预期功能。在集成测试中，一般采用白盒测试和黑盒测试相结合的方法进行，以验证这一阶段设计的合理性及需求功能的实现性。

软件集成测试一般由软件提供方组织并实施，测试人员与开发人员应当相互独立，也可委托第三方进行软件集成测试。软件集成测试的工作产品一般应纳入软件的配置管理中。软件集成测试的技术依据是软件设计文档（或称软件结构设计文档）。软件集成测试工作的准入条件应满足相关要求，待集成的软件单元已通过单元测试，测试工作的准出条件同样应满足相关要求。

软件集成测试一般应符合以下技术要求。

（1）应对易集成软件进行必要的静态测试，并先于动态测试进行。

（2）软件要求的每个特性应至少被一个正常的测试用例和一个被认可的异常测试用例覆盖。

（3）测试用例的输入应至少包括一个有效等价类值、无效等价类值和边界数据值。

（4）应采用增量法测试新组装的软件。

（5）应逐项测试软件设计文档规定的软件的功能、性能等。

（6）应测试软件单元之间的所有调用，达到100%的测试覆盖率。

（7）应测试软件的输出数据及其格式。

（8）应测试运行条件（如数据结构、输入/输出通道容量、内存空间、调用频率等）在边界状态及人为设定状态下，软件的功能和性能。

（9）应按软件设计文档要求对软件的功能、性能进行强度测试。

（10）对于完整性级别高的软件，应对其进行安全性分析，明确每个危险状态和导致危险的可能原因，并对此进行针对性的测试。

对于具体的软件，可根据软件测试合同（或项目计划书）及软件的重要性、完整性级别对上述内容进行裁剪。

应当记录并描述软件集成测试的测试结果，即是否满足测试准则的目标和准则。若测试结果不通过，则应当记录原因。软件集成期间，对软件所做的任何修改或更改都应当经过影响分析，以确定所影响的所有软件模块、必需的重新验证和重新设计行为。

4.5.3 系统测试

系统测试并非是测试整个系统或程序功能的过程，而是将已经集成好的软件系统作为整个基于计算机系统的一个元素，与计算机硬件、外设、基本支持软件、数据和人员等其他系统元素结合起来，在实际运行环境中对计算机系统进行的一系列组装测试和确认测试。系统测试的对象是完整的、集成的计算机系统，重点是新开发的软件配置项的集合。

系统测试的目的是在真实系统工作环境下检验完整的软件配置项能否和系统正确连接，并满足系统/子系统设计文档和软件开发合同规定的要求。它有着特定的目的：将系统或程序与其初始目标进行比较，以发现软件与系统定义不符合或矛盾之处，以验证软件的功能和性能等是否满足其规约指定的要求。这一目的决定了对系统测试的要求：①系统测试并不局限于系统，如果产品是一个程序，那么系统测试就是一个试图说明程序作为一个整体是如何不满足其目标的过程；②如果产品没有一组书面的、可度量的目标，那么系统测试无法进行。在寻找程序与其目标不一致的过程中，应注重在设计外部规格说明中容易出现的转换错误，就软件产品本身、所犯错误的数量及其严重性而言，这一阶段最易出错。首先，外部规格说明不能作为获得系统测试用例的基础，否则与系统测试的目标不符；其次，不能利用目标文档本身表示测试用例，因其不包含对程序外部接口的准确描述，这会导致系统测试的过程陷入两难的局面，打破这一僵局的文档为程序的用户文档或书面教材，通过目标文档设计系统测试，通过分析用户文档阐明测试用例，一则将程序与其目标和用户文档相比较，二则将用户文档和程序目标相比较，方可完成系统测试核心环节。

系统测试按照合同规定的要求执行，或者由软件的需求方或软件的开发方组织，由独立于软件开发的人员实施，由软件开发人员配合。若系统测试委托第三方实施，则一般应委托国家认可的第三方测试机构，应加强系统测试的配置管理，已通过测试的系统状态和各项参数应详细记录，归档保存，未经测试负责人允许，任何人无权更改。系统测试应严格按照由小到大、由简到繁、由局部到整体的程序进行。软件系统测试的技术依据是用户需求（或系统需求/研制合同）。系统测试工作的准入条件包括被测软件系统的所有配置均已通过测试、提供固件给需要固化运行的软件。

系统测试一般应符合以下技术要求。

（1）系统的每个特性应至少被一个正常测试用例和一个被认可的异常测试用例覆盖。

（2）测试用例的输入应至少包括有效等价类值、无效等价类值和边界数据值。

（3）应逐项测试系统/子系统设计说明规定的系统的功能、性能等。

（4）应测试软件配置项之间及软件配置项与硬件之间的接口。

（5）应测试系统的输出及其格式。

（6）应测试运行条件在边界状态、异常状态、人为设定状态下的系统的功能和性能。

（7）应测试系统访问和数据的安全性。

（8）应测试系统的全部贮存量、输入/输出通道和处理时间的余量。

（9）应按系统或子系统设计文档的要求，对系统的功能、性能进行强度测试。

（10）应测试设计中用于提高系统安全性、可靠性的结构、算法、容错、冗余、中断处理等方案。

（11）对于完整性级别高的系统，应对其进行安全性、可靠性设计，明确每个危险状态和导致危险的可能原因，并对此进行针对性的测试。

（12）对于有恢复或重置功能需求的系统，应测试其恢复或重置功能和平均恢复时间，并对每类导致恢复或重置的情况进行测试。

（13）对不同的实际问题应外加相应的专门测试。

系统测试的测试内容主要从适合性、准确性、互操作性、安全保密性、成熟性、容错性、易恢复性、易理解性、易学性、易操作性、吸引性、时间特性、资源利用性、易分析性、易改变性、易测试性、适应性、易安装性、共存性、易替换性和依从性方面（可选）考虑。

一般情况下，系统测试采用黑盒测试进行，以此来检查系统是否符合软件需求，本阶段的主要测试内容包括健壮性测试、性能测试、功能测试、安装或反安装测试、用户界面测试、压力测试、可靠性与安全性测试等。由于测试过程的复杂性、测试阶段需求变更的频繁性，程序会不断地被更改，所以需要测试人员在完成系统测试后进行回归测试。

系统测试的步骤通常分为制订系统测试计划、设计系统测试用例、执行系统测试和缺陷管理与改错。其中，在制订系统测试计划阶段，需要完成系统测试计划的制订，要点包括明确系统测试的被测对象、完成系统测试的需求跟踪、明确系统的通过或失败标准、系统测试的挂起标准及恢复的必要条件、明确系统测试工作任务分配和系统测试后应交付的工作产品。设计系统测试用例的要点包括采用等价类划分法、边界值分析法、判定表、正交试验法、场景法、状态迁移法、因果图法、输出域覆盖法、异常分析法、猜错法和探索性测试等进行系统测试用例的设计。设计系统测试用例应结合项目测试范围、时间、质量和成本进行；在项目测试时间和质量发生变化时，系统测试用例的设计和执行应灵活平衡测试范围和成本的关系。执行系统测试需要按照系统测试计划，并依据系统测试用例完成测试的各项操作任务。执行阶段应完成环境准备、测试操作、测试记录、测试报告等。在执行系统测试过程中，需要注意前提条件和特殊说明，测试用例需要执行完全，不能忽视任何偶然现象，加强测试过程的记录，详述预期与实际不一致之处等。软件缺陷管理的目的在于：保证信息的一致性；保证缺陷得到有效的跟踪和解决，缩短沟通时间，高效解决问题；获取正确的漏洞信息，利于缺陷分析、产品度量，使项目情况可视化加强。

4.5.4 验收测试

验收测试是部署软件之前的最后一项测试操作，是在软件产品完成单元测试、集成测试和系统测试之后，产品发布之前进行的软件测试活动。它是技术测试的最后一个阶段，也称为交付测试，目的是在真实的用户（或系统）工作环境下检验完整的软件系统是否满足软件开发技术合同（或软件需求规格说明）规定的要求。验收测试的结论是软件的需求方确定是否接受该软件的主要依据。

验收测试的测试内容需要从适合性、准确性、互操作性、安全保密性、成熟性、容错性、易恢复性、易理解性、易学性、易操作性、吸引性、时间特性、资源利用性、易分析性、易改变性、易测试性、适应性、易安装性、共存性、易替换性和依从性方面进行选择，确定测试内容。验收测试的技术要求同系统测试。

验收测试应由软件的需求方组织，由独立于软件开发的人员实施，若验收测试委托第三方实施，则一般应委托国家认可的第三方测试机构。应加强验收测试的配置管理，已通过测试的验收状态和各项参数应详细记录，归档保存，未经测试负责人允许，任何人无权改变。

实施验收测试的常用策略包括3种，分别是正式验收、非正式验收或Alpha测试、Beta测试。其中，正式验收测试是一个管理严格的过程，通常是系统测试的延续，所选择的测试用例应当是系统测试中执行测试用例的子集，通常为完全自动执行测试过程。非正式验收不严格限定执行测试过程，只需确定并记录要研究的功能和业务任务即可，但没有可以遵循的特定测试用例，通常情况下由最终用户组织执行。在Beta测试中，所采用的细节多少、数据和方法完全由测试员决定，同时，测试员负责创建环境、选择数据，并决定要测试的功能、特性或任务，但最终测试由最终用户实施。

用户验收测试可分为两大部分：软件配置审核和可执行程序测试，其大致顺序可分为文档审核、源代码审核、配置脚本审核、测试程序或脚本审核、可执行程序测试。用户验收测试的每个相对独立的部分均应当包括目标、启动标准、活动、完整标准和度量。具体过程可包括：从客户的角度和立场进行审核，验证产品规格说明书的完整性、准确性、一致性和合理性等；检验用户界面是否符合标准和规范，以及其直观性、一致性、灵活性、舒适性、正确性和实用性；验证软件/硬件/数据之间是否能正确交互和共享信息；验证软件的可安装性和可恢复性，核验软件、应用程序、服务器、客户端和产品升级等是否正常运行，当检验系统出错时，能否在规定时间间隔内修正错误或重启系统。

4.5.5 其他测试

4.5.5.1 功能测试

功能测试是一个试图发现程序与其外部规格说明之间存在不一致的过程，外部规格说明是一份从最终用户的角度对程序行为进行的精确描述。在进行功能测试的过程中，需要对外部规格说明进行分析以获取测试用例集，等价类划分法、边界值分析法、因果图法和猜错法等类型的黑盒测试方法适用于功能测试。

4.5.5.2 自动化测试

自动化测试就是通过测试工具或其他手段，按照测试工程师的预定计划对软件产品进行自动测试，是软件测试的一个重要组成部分，能够完成许多手工无法实现或难以实现的测试工作。正确合理地实施自动化测试，能够快速、全面地对软件进行测试，从而提高软件质量、节省经费、缩短产品发布周期。软件测试自动化涉及测试流程、测试体系、自动化编译及自动化测试等方面的整合。也就是说，要让测试自动化，不仅是技术、工具的问题，还是一个公司和组织的文化问题，首先，公司要从资金、管理上给予支持；其次，要有专门的测试团队建立适合自动化测试的测试流程和测试体系；最后，才是把源代码从受控库中取出、编译、集成、发布并进行自动化的功能和性能等方面的测试。

4.5.5.3 配置项测试

相对于配置，配置项指纳入配置管理的产品集合，包括文档和程序，以及其他配件项。配置项测试是指对已经研发完毕，纳入配置管理并准备提交给客户的软件项目进行测试。诸如操作系统、数据库管理系统和信息交换系统等软件都支持多种配件配置，包括不同类型和数量的 I/O 设备与通信线路或不同的贮存容量。通常配置数量可能会非常大，以至于测试无法面面俱到，但是至少应该使用每种类型的设备，以最大和最小的配置来测试程序。

软件配置项测试的对象是软件配置项。软件配置项是为独立的配置管理设计的满足最终用户功能的一组软件，目的在于检验软件配置项与软件需求规格说明的一致性。软件配置项测试工作一般由软件的供方组织，由独立于软件开发的人员实施，由软件开发人员配合，若委托第三方实施，则应委托国家认可的第三方测试机构。软件配置项测试技术依据是软件需求规格说明（含接口需求规格说明）。

软件配置项测试一般要满足以下技术要求。

（1）必要时，在高层控制流图中做结构覆盖测试。

（2）软件配置项的每个特性应至少被一个正常测试用例或一个被认可的异常测试用例覆盖。

（3）测试用例的输入应至少包括有效等价类值、无效等价类值和边界数据值。

（4）应逐项测试软件需求规格说明规定的软件配置项的功能、性能等。

（5）应测试软件配置项的所有外部输入、输出接口（包括和硬件之间的接口）。

（6）应测试软件配置项的输出及其格式。

（7）应按照软件需求规格说明的要求测试软件配置项的安全保密性，包括数据的安全保密性。

（8）应测试人机交互界面提供的操作和显示界面，包括用非常规操作、误操作、快速操作测试界面的可靠性。

（9）应测试运行条件在边界状态、异常状态或人为设定状态下的软件配置项的功能和性能。

（10）应测试软件配置项的全部贮存量、输入/输出通道和处理时间的余量。

（11）应按照软件需求规格说明的要求对软件配置项的功能、性能进行强度测试。

（12）应测试设计中用于提高软件配置项安全性、可靠性的结构、算法、容错、冗余、中断处理等方案。

（13）对于完整性级别高的软件配置项，应对其进行安全性分析，明确每个危险状态和导致危险的可能原因，并对此进行针对性测试。

（14）对于有可恢复或重置功能需求的软件配置项，应测试其恢复或重置功能和平均恢复时间，并对每类导致恢复或重置的情况进行测试。

（15）对于不同的实际问题，应外加相应的专门测试。

对于具体的软件配置项，应根据软件测试合同（或项目计划）及软件配置项的重要性、完整性级别等要求对上述内容进行裁剪。

软件配置项测试的测试内容主要从适合性、准确性、互操作性、安全保密性、成熟性、容错性、易恢复性、易理解性、易学性、易操作性、吸引性、时间特性、资源利用性、易分析性、易改变性、易测试性、适应性、易安装性、共存性、易替换性和依从性方面考虑。读者可参考附录 A 中的详细内容进行理解。

软件配置项测试的测试类型比较齐全,包括文档审查、静态分析、内存使用缺陷测试、功能测试、性能测试、人机界面测试、余量测试、接口测试、安全性测试等。

4.5.5.4 确认测试

确认测试的任务是验证软件的功能和性能及其他特性是否与用户的要求一致,对于软件的功能和性能要求,在软件需求规格说明中有明确规定。确认测试一般包括有效性测试和软件配置项复查。

1. 有效性测试

有效性测试在模拟的环境下运用黑盒测试的方法验证所测软件是否满足软件需求规格说明中列出的需求,并为此制订测试计划、测试步骤及具体的测试用例。通过实施预定的测试计划和测试步骤,确定软件的特性是否与需求相符,确保所有的软件功能需求都能得到满足、所有的软件性能需求都能达到、所有的文档都是正确且便于使用的。同时,对其他软件需求,如可移植性、可靠性、易用性、兼容性和可维护性等,也都需要进行测试,以确认是否满足。在全部的软件测试用例运行完之后,所有的测试结果可分为两类:①测试结果与预期结果相符,说明软件的这部分功能或性能特征与软件需求规格说明相符,从而接受这部分程序;②测试结果与预期结果不符,说明软件的这部分功能或性能特征与软件需求规格说明不一致,为此要提交一份问题报告。

2. 软件配置项复查

软件配置项复查的目的是保证软件配置的所有成分齐全,各方面的质量均符合要求,具有维护阶段所必需的细节,而且已经编排好分类的目录。在确认测试的过程中,还应当严格遵守用户手册和操作手册中规定的使用步骤,以便检查文档资料的完整性和正确性。

4.5.5.5 验证测试

验证测试是对整个软件的功能及性能进行的完整测试,一般用黑盒测试方法,验证被测软件是否满足软件需求规格说明。软件验证的目的在于针对安全完整性水平所需的范围,测试并评价已知软件安全生命周期阶段的输出,以确保作为该阶段输入对应的输出与标准的正确性和一致性。软件验证活动是测试软件安全生命周期中的一个阶段,在每个软件验证活动中,测试的目的都是发现尽可能多的缺陷,测试可以利用验证进一步改善对基础理论的跨学科交流,同时提高开发环境的成熟度。实践证明,开展尽可能多、尽可能深入的验证,无论是从短期还是从长期看,都是一条最可靠、效益最高的质量改进之路。

对于软件安全生命周期的每个阶段,软件验证计划编制应当与开发同步,且应当记录该信息。软件验证计划编制应当参考验证行为中使用的准则、技术和工具,并应当记录以下内容:①安全集成要求的评价;②验证策略、行为和技术的选择与文档;③验证工具,包括测试工具、专用测试工具、输入/输出模拟器等的选择和使用;④验证结果的评价;⑤要采取的正确行为。

应当按照计划实施软件确认，验证策略、行为和技术的独立程度的选择将取决于一系列因素，可在应用部门标准中规定。这些因素包括项目规模、复杂程度、设计的新颖程度、技术的新颖程度。

应当记录证据以证明验证阶段已圆满完成。在每个验证结束后，验证文件应包括要验证的条目证明、实施验证的信息证明、不一致性。

在软件安全生命周期中，正确实施第 $N+1$ 阶段所需的第 N 阶段的全部基本信息应当可用，且应当进行校验。第 N 阶段的输出包括：①第 N 阶段中的技术规范、设计描述或代码的功能性，安全完整性、性能和安全计划编制的其他要求，软件文档和代码的可读性，未来验证的可测试性，安全修改以允许未来发展；②确认计划编制和/或第 N 阶段的规定测试，用来规定并描述第 N 阶段的设计；③检查不兼容性，包括第 N 阶段的规定测试与第 $N-1$ 阶段的规定测试、第 N 阶段的输出。

软件验证阶段应实施下面的验证行为：①软件安全需求验证；②软件结构验证；③软件系统设计验证；④软件模块设计验证；⑤代码验证；⑥数据验证；⑦软件模块测试；⑧软件集成测试；⑨可编程电子集成测试；⑩软件安全需求测试。

对于软件安全需求验证，一旦规定了软件安全需求，则在下一阶段、软件设计和开发开始之前，验证应当考虑以下几点：①规定的软件安全需求是否达到功能性、安全集成性能规定的 E/E/PE 安全需求；②软件安全验证计划编制是否达到规定的软件安全需求；③检查不兼容性，即规定的软件安全要求与规定的 E/E/PE 安全需求、规定的软件安全需求与软件安全确认计划编制。

对于软件结构验证，在建立软件结构设计后，验证应当考虑以下几点：①软件结构设计的描述是否达到规定的软件安全需求；②软件结构集成的规定测试是否适合软件结构设计的描述；③每个主要组件/子系统的属性是否满足所需软件性能的可行性、未来验证的可测试性、软件文档和代码的可读性、安全修改以允许未来发展；④检查不兼容性，包括软件结构设计的描述与规定的软件安全要求、软件结构设计的描述与规定的软件结构完整性测试、规定的软件结构完整性测试与软件安全确认计划编制。

对于软件系统设计验证，在规定了软件系统设计后，验证应当考虑以下几点：①规定的软件系统设计是否满足软件结构设计；②规定的软件系统完整性测试是否满足规定的软件系统设计；③规定的软件系统设计的每个主要组件的属性是否满足所需软件性能的可行性、未来验证的可测试性、软件文档和代码的可读性、安全修改以允许未来发展；④检查不兼容性，包括规定的软件系统设计与软件结构设计的描述、规定系统设计的描述与规定的软件系统完整性测试、规定的软件系统完整性测试与规定的软件结构完整性测试。

对于软件模块设计验证，在规定了每个软件模块设计后，验证应当考虑以下几点：①规定的软件模块设计是否满足规定的软件系统设计；②规定的每个软件模块测试是否满足规定的软件模块设计；③每个软件模块的属性是否满足所需软件性能的可行性、未来验证的可测试性、软件文档和代码的可读性、安全修改以允许未来发展；④检查不兼容性，包括规定的软件模块设计与规定的软件系统设计、规定的软件模块设计与规定的软件结构设计、规定的软件模块测试与规定的软件系统完整性测试。

对于代码验证，应当使用静态方法对源代码进行验证，以确保符合软件模块的规定设计、所要求的译码标准和安全计划编制要求。在软件安全生命周期的早期阶段，验证是静态的，如检查、复查和形式证法等。代码验证包括软件检查技术和浏览技术。代码验证结果和软件模块测试结果相结合，保证每个软件模块都满足相应的技术规范，测试成为验证的基本方法。

4.5.5.6 回归测试

回归测试是指修改了旧代码后，重新进行测试以确认修改没有引入新的错误或导致其他代码产生错误。回归测试作为软件安全生命周期的一个组成部分，在整个软件测试过程中占有很大的工作量比重，软件开发的各个阶段都会进行多次回归测试。回归测试的对象包括：未通过软件单元测试的软件，在变更之后，应对其进行单元测试；未通过软件配置项测试的软件，在变更之后，首先应对变更的软件单元进行测试，然后进行相关的集成测试和配置项测试；未通过系统测试的软件，在变更之后，首先应对变更的软件单元进行测试，然后进行相关的集成测试、配置项测试和系统测试；由于其他原因进行变更之后的软件单元，也首先应对变更的软件单元进行测试，然后进行相关的软件测试。回归测试的目的在于：①测试软件变更之后，变更部分的正确性和对变更需求的符合性；②测试软件变更之后，软件原有的、正确的功能、性能和其他规定的要求的不损害性。

4.5.5.7 数据验证

数据验证包括数据结构验证、应用程序数据验证、所有可以修改的参数验证、所有设备接口相关软件的验证、所有通信接口和相关软件的验证等。其中，数据结构验证包括验证其完整性、自洽性、防止改变或破坏，以及数据驱动系统的功能要求的一致性。应用程序数据验证包括数据结构的一致性、完整性、与底层系统软件的兼容性、数值的正确性。所有可以修改的参数验证包括非法的或没有定义的初始值，错误的、不一致的或不合理的值，未经授权的改变，数据污染。所有设备接口相关软件的验证包括预测接口故障的检测、预测接口故障的承受极限。所有通信接口和相关软件的验证包括故障检测、防止数据污染和数据有效性。

4.5.5.8 性能测试

性能测试是指通过自动化测试工具模拟多种正常、峰值及异常负载条件，对系统的各项指标进行测试。负载测试和压力测试均属于性能测试，两者可以结合起来，通过负载测试，确定在各种工作负载下系统的性能，目标是测试当负载逐渐增加时，系统各项性能指标的变坏情况；压力测试是通过一个系统的瓶颈或不能接受的性能点来获得系统能提供的最大服务级别的测试。缺陷的雪崩效应是指软件前期阶段存在的缺陷会随着开发阶段的开展而不断放大。很多软件都有特定的性能或效率目标，这些特性描述为在特定负载和配置环境下程序的响应时间与吞吐率。

4.5.5.9 容量测试

容量可以看作系统性能指标中一个特定环境下的特定性能指标及设定的界限或极限值。容量测试通过测试预先分析出反映软件系统应用特征的某种指标的极限值（如最大并发用户数、数据库记录数等），验证系统在极限状态下是否没有出现任何软件故障或还能保持主要功能运行。由于容量测试需要大量的资源，鉴于对设备和时间成本的考量，不可进行过多的容量测试。

4.5.5.10 响应时间测试

响应时间是一个系统节点响应另一个请求花费的时间，在系统结束之前，这是系统达到特定输入花费的时间。响应时间在测试工具的帮助下，通过将重要业务流程包含在"开始"和"结束"事务中进行衡量。响应时间指标通常包括平均响应时间、峰值响应时间、错误率。其中，平均响应时间指每个往返请求花费的平均时间，包括 HTML、CSS、XML、JavaScript、图像等的加载时间，因此，当系统中存在慢速组件时，平均值会受到影响。峰值响应时间可帮助我们发现问题组件，以及某些请求未得到正确处理的网站或系统中的所有违规行为。例如，可能执行大型数据库查询，这可能影响响应时间，此查询不允许页面在所需的时间加载。错误率是一种数学计算，显示问题请求相对于所有请求的百分比，此百分比计算在服务器上显示错误的所有 HTTP 状态代码。

4.5.5.11 强度测试

强度测试在于检验程序能承受的高负载或高强度，高强度指在很短时间间隔内达到的数据或操作的数量峰值。由于强度测试涉及时间因素，因此不适用于编译器或批处理工程程序，但适用于在可变负载下运行的程序，以及交互式程序、实时程序和过程控制程序。基于 Web 的应用程序是最常接受强度测试的软件之一，在测试之前，需要确认该应用程序及硬件可处理一定容量的并发用户。

4.5.5.12 易用性测试

系统测试中的一大重要测试类型为易用性测试。在易用性测试过程中，需要注意的问题如下。

(1) 每个用户界面是否根据用户的智力、教育背景和环境要求等进行了调整。

(2) 程序的输出是否有意义、不模糊且没有计算机的杂乱信息。

(3) 错误诊断是否直接。

(4) 整体的用户界面是否在语法、惯例、语义、格式、风格和缩写等方面展现出一定程度的概念完整性、基本的一致性与统一性。

(5) 在对准确性要求极高的环境中，如网上银行系统，输出中是否有足够的冗余信息。

(6) 系统中是否包含了较多或不会用到的选项。

(7) 对于所有的输入，系统是否返回了某些类型的即时确认信息。

(8) 程序是否易于使用，当输入是区分大小写的字符时，是否对用户进行了足够清晰的提示等。

4.5.5.13 安全性测试

安全性测试是设计测试用例以突破程序安全检查的过程。通常情况下，可以通过设计测试用例来规避操作系统的内存保护机制，破坏数据库管理系统的数据安全机制，以此来研究类似系统中已知的安全问题，从而生成测试用例，尽量暴露被测系统存在的相似问题。基于 Web 的应用程序通常比一般程序所需的安全测试级别高，对于电子商务网站尤其如此。

4.5.5.14 贮存测试

类似地，软件中若存在贮存目标，如描述了程序使用的内存和辅存的容量，以及临时文件或溢出文件的大小，则应设计测试用例，以证明这些贮存目标是否得到满足。

4.5.5.15 配置测试

如果软件本身的配置可忽略某些程序组件，或者可运行在不同的计算机上，那么该软件所有可能的配置都应被测试。

鉴于很多软件都设计成可运行在多种操作系统下的形式，因此，在测试此类程序时，应在该程序面向的所有操作系统环境中对其进行测试。对于设计在 Web 浏览器中运行的程序，需要特别注意的是，因为 Web 浏览器种类繁多，所以并不是所有的浏览器均按照同样的方式运行。此外，即使是同一种 Web 浏览器，在不同的操作系统下，运行方式也会存在差异。

4.5.5.16 兼容性/配置/转换测试

大多数开发的软件并不是全新的，常常是为了替换某些不完善的系统，这些系统存在特定的目标，涉及与现有系统的兼容，以及从现有系统转换的过程。在针对这些目标测试程序时，测试用例的目的在于证明兼容性目标未被满足，在将数据从一个系统转移到另一个系统时，应尽力发现错误。

4.5.5.17　安装测试

安装测试确保软件在正常情况和异常情况的不同条件下（如进行首次安装、升级、完整的或自定义的安装）都能进行安装。异常情况包括磁盘空间不足、缺少目录创建权限等。安装测试包括测试安装代码及安装手册。有些类型的软件系统安装过程非常复杂，测试安装过程是系统测试的一个重要部分，对于包含在软件包中的自动安装系统尤其重要，当安装程序出现故障时，会严重影响用户对软件的成功体验。安装测试应完成的内容包括确保待测产品在所有支持的操作系统、数据库、应用服务器中间件、网络服务器、拓扑结构等各种组合下正确地安装和卸载，以及安装文档的正确性和易读性。

安装测试可以分为：全新安装，待安装的软件包是完整的，包含了所有的文件；升级版安装，部分文件构成的软件包；补丁式安装，很小的改动或很少文件的更新，软件版本不变；系统运行环境改变，性能调优，只改变参数，软件文件未发生变化。安装测试按照软件所属特征划分，可分为客户端软件安装、服务器安装、整个网络系统安装。

4.5.5.18　可靠性测试

可靠性测试是为了评估产品在规定的寿命期间，在预期的使用、运输或贮存等所有环境下，保持功能可靠性而进行的活动。在软件测试领域，若软件的目标中包含对可靠性的特别描述，则必须设计专门的可靠性测试。

4.5.5.19　可恢复性测试

诸如操作系统、数据库管理系统和远程处理系统等软件通常都有可恢复目标，说明系统如何从程序错误、硬件失效和数据错误中恢复过来。例如，在一个配有负载均衡的系统中，主机承受压力而无法正常工作后，备份机能否快速接管负载。可恢复性测试是测试一个系统从灾难或出错中能否很好地恢复的过程，一般通过人为的各种强制手段让软件或硬件出现故障，检测系统是否能正确恢复（自动恢复和人工恢复）。系统测试的一个目标就在于证明这些恢复机制不能够正确发挥作用。

4.5.6　其他

软件安全生命周期是软件从出现到消亡的全过程，通常包括立项、需求、设计、编码、测试和维护。每个阶段均可能涉及一个或多个工具，如设计工具、编程工具、编译器和测试工具等，若将软件安全生命周期的各个阶段有序统一地连接完成，则通常需要多个工具的结合，这对工具的适应性提出了更高的要求，对于以上工具，应证明其适用于多种用途与多种环境。

软件版本管理系统规范化和流程化可确保在系统开发及实施过程当中项目的完整性与一致性。版本管理对象包括但不限于软件开发项目的总体计划、可行性研究报告、开发计划、需求说明、软件设计、系统开发变更申请单、系统管理手册、用户操作手册、培训计划与记录、源代码、配置文件、贮存过程脚本、测试计划、用例、脚本、报告、上线计划、上线申请及版本维护日志。

测试阶段的软件版本管理尤其重要，结合测试阶段的特点，应确保职责、流程、规则和属性为要素的软件版本管理方法，确保测试工作和被测版本的有效性，使测试过程可追溯。软件版本管理系统的改进措施包括软件配置管理中的版本管理技术、增量开发软件项目版本管理、基于构建的软件配置管理等。

在测试过程中，因测试版本管理的随意性导致的问题包括已经修复的缺陷在下一版本中重复出现、测试中的缺陷因开发环境不可重现而被开发人员退回等。导致该类问题发生的更深层次的原因包括测试之处未指定测试过程的软件版本管理计划、未指定相应负责人、未指定版本管理的规则和流程。

附录 A 软件配置项测试内容

根据 GB/T 15532—2008《计算机软件测试规范》中关于配置项测试的相关描述，给出测试过程中的具体内容。对于具体的软件配置项，可依据软件合同（或项目计划）及软件需求规格说明的要求对本书给出的测试内容进行裁剪。

A.1 功能性

1．适合性方面

从适合性方面考虑，应测试软件需求规格说明规定的软件配置项的每项功能。

2．准确性方面

从准确性方面考虑，可对软件配置项中具有准确性要求的功能和精度要求的项（如数据处理精度、时间控制精度、时间测量精度）进行测试。

3．互操作性方面

从互操作性方面考虑，可测试软件需求规格说明（含接口需求规格说明）和接口设计文档规定的软件配置项与外设的接口，以及与其他系统的接口。测试接口的格式和内容包括数据交换的格式和内容、测试接口之间的协调性、测试软件配置项对每个真实接口的正确性、测试软件配置项从接口接收和发送数据的能力、测试数据的约定/协议的一致性、测试软件配置项对外设接口特性的适应性。

4．安全保密性方面

从安全保密性方面考虑，可测试软件配置项及其数据访问的可控制性。

测试软件配置项防止非法操作的模式包括防止非授权的创建、删除或修改程序/信息，必要时做强化异常操作的测试。

测试软件配置项防止数据被讹误和破坏的能力。

测试软件配置项的加密和解密功能。

A.2 可靠性

1. 成熟性方面

从成熟性方面考虑，可基于软件配置项操作剖面设计测试用例，根据实际使用的概率分布随机选择输入，运行软件配置项，测试软件配置项满足需求的程度并获取失效数据，其中包括对重要输入变量值的覆盖、对相关输入变量可能组合的覆盖、对设计输入空间与实际输入空间之间区域的覆盖、对各种使用功能的覆盖、对使用环境的覆盖。应在有代表性的使用环境中，以及可能影响软件配置项运行方式的环境中运行软件配置项，验证可靠性需求是否正确实现。对于一些特殊的软件配置项，如容错、实时嵌入式等，由于在一般的使用环境下常常很难在软件配置项中植入差错，所以应考虑多种测试环境。

测试软件配置项平均无故障时间。

选择可靠性增长模型，通过检测到的失效数和故障数对软件配置项的可靠性进行预测。

2. 容错性方面

从容错性方面考虑，可测试以下几项。

（1）软件配置项对中断发生的反应。

（2）软件配置项在边界条件下的反应。

（3）软件配置项的功能、性能的降级情况。

（4）软件配置项的各种操作模式。

（5）软件配置项的各种故障模式。

（6）在多机系统出现故障而需要切换时，软件配置项的功能和性能的连续平稳性。

3. 易恢复性方面

从易恢复性方面考虑，可测试以下几项。

（1）具有自动修复功能的软件配置项的自动修复时间。

（2）软件配置项在特定时间范围内的平均宕机时间。

（3）软件配置项在特定时间范围内的平均恢复时间。

（4）软件配置项的可重启动并继续提供服务的能力。

（5）软件配置项的还原功能的能力。

A.3 易用性

1．易理解性方面

从易理解性方面考虑，可测试以下几项。

（1）软件配置项的各项功能，确认它们是否容易被识别和理解。

（2）要求具有演示能力的功能，确认演示是否容易被访问、演示是否充分和有效。

（3）界面的输入和输出，确认输入和输出的格式与含义是否容易被理解。

2．易学性方面

从易学性方面考虑，可测试软件配置项的在线帮助，确认在线帮助是否容易定位、有效；还可对照用户手册或操作手册执行软件配置项，测试用户文档的有效性。

3．易操作性方面

从易操作性方面考虑，可测试以下几项。

（1）输入数据，确认软件配置项是否对输入数据进行有效性检查。

（2）要求具有中断执行的功能，确认它们能否在动作完成之前被取消。

（3）要求具有还原能力（数据库的事务回滚能力）的功能，确认它们是否在动作完成之后被撤销。

（4）包含参数设置的功能，确认参数是否易于选择、是否有默认值。

（5）要求具有解释的消息，确认它们是否明确。

（6）要求具有界面提示能力的界面元素，确认它们是否有效。

（7）要求具有容错能力的功能和操作，确认软件配置项能否提示差错的风险、能否容易纠正错误的输入、能否从错误中恢复。

（8）要求具有定制能力的功能和操作，确认定制能力的有效性。

（9）要求具有运行状态监控能力的功能，确认它们的有效性。

注：以正确操作模式、误操作模式、非常规操作模式和快速操作模式为框架设计测试用例。误操作模式包括用错误的数据类型作为参数、错误的输入数据序列、错误的操作序列等。若有用户手册或操作手册，则可对照手册逐条进行测试。

4．吸引性方面

从吸引性方面考虑，可测试软件配置项的人机交互界面能否定制。

A.4 效率

1. 时间特性方面

从时间特性方面考虑，可测试软件配置项的响应时间、平均响应时间、响应极限时间，还可测试软件配置项的吞吐量、平均吞吐量、极限吞吐量，也可测试软件配置项的周转时间、平均周转时间、周转时间极限。

注1：响应时间指软件配置项为完成一项规定任务所需的时间；平均响应时间指软件配置项执行若干并行任务所用的平均时间；响应极限时间指在最大负载条件下，软件配置项完成某项任务需要时间的极限；吞吐量指在给定的时间周期内，软件配置项能成功完成的任务数量；平均吞吐量指在单位时间内，软件配置项能处理并发任务的平均数；极限吞吐量指在最大负载条件下，在给定的时间周期内，软件配置项能处理的最多并发任务数；周转时间指从发出一条指令到一组相关的任务完成所用的时间；平均周转时间指在一个特定的负载条件下，对于一些并发任务，从发出请求到任务完成所需的平均时间；周转时间极限指在最大负载条件下，软件配置项完成一项任务所需时间的极限。

注2：软件应用任务的例子有在通信应用中的切换、数据包的发送，在控制应用中的事件控制，在公共用户应用中由用户调用的功能产生的一个数据的输出等。

2. 资源利用性方面

从资源利用性方面考虑，可测试软件配置项的输入/输出设备、内存和传输资源。

（1）执行大量的并发任务，测试输入/输出设备的利用时间。
（2）在使输入/输出负载达到最大的条件下运行软件配置项，测试输入/输出负载极限。
（3）并发执行大量的任务，测试用户等待输入/输出设备操作完成需要的时间。
（4）在规定的负载条件下和时间范围内运行软件配置项，测试内存的利用情况。
（5）在最大负载条件下运行软件配置项，测试内存的利用情况。
（6）并发执行规定的数个任务，测试软件配置项的传输能力。
（7）在最大负载条件下和规定时间周期内测试传输资源的利用情况。
（8）在传输负载最大的条件下测试不同介质同步完成其任务的时间周期。

A.5 维护性

1. 易分析性方面

从易分析性方面考虑，可设计各种情况下的测试用例运行软件配置项，并监测软件配置项的运行状态数据，检查这些数据是否容易获得、内容是否充分。若软件配置项具有诊断功能，则应测试该功能。

2．易改变性方面

从易改变性方面考虑，可测试能否通过参数改变软件配置项。

3．易测试性方面

从易测试性方面考虑，可测试软件配置项内置的测试功能，确认它们是否完整和有效。

A.6 可移植性

1．适应性方面

从适应性方面考虑，可测试以下几项。

（1）软件配置项对诸如数据文件、数据块或数据库等数据结构的适应能力。

（2）软件配置项对硬件设备和网络设施等硬件环境的适应能力。

（3）软件配置项对系统软件或并行的应用软件等软件环境的适应能力。

（4）软件配置项是否易于移植。

2．易安装性方面

从易安装性方面考虑，可测试软件配置项安装的工作量、安装的可定制性、安装设计的完备性、安装操作的简易性、是否容易重新安装。

注1：安装设计的完备性可分为以下3级。

① 最好：设计了安装程序，并编写了安装指南文档。

② 好：仅编写了安装指南文档。

③ 差：无安装程序和安装指南文档。

注2：安装操作的简易性可分为以下4级。

① 非常容易：只需启动安装功能并观察安装过程。

② 容易：只需回答安装功能中提出的问题。

③ 不容易：需要从表或填充框中看参数。

④ 复杂：需要从文件中寻找参数，改变或写它们。

3．共存性方面

从共存性方面考虑，可测试软件配置项与其他软件共同运行的情况。

4．易替换性方面

当替换整个不同的软件配置项和用同一系列的高版本替换低版本时，在易替换性方面，可考虑测试以下几项。

（1）软件配置项能否继续使用被其替代的软件使用过的数据。

（2）软件配置项是否具有被其替代的软件中的类似功能。

A.7 依从性

当软件配置项在功能性、可靠性、易用性、效率、维护性和可移植性方面遵循了相关的标准、约定、风格指南或法规时，应酌情进行依从性方面的测试。

参考文献

[1] 傅灵丽，李志军. 双冗余网络在励磁装置中的应用及可靠性分析[J]. 大电机技术，2010（5）：60-62.

[2] 禹春来，许化龙，刘根旺，等. CAN 总线冗余方法研究[J]. 测控技术，2003，22（10）：28-30，41.

[3] Nair R,Thatte S M, Abraham J A . Efficient Algorithms for Testing Semiconductor Random-Access Memories[J].IEEE Transactions on Computers, 2006, 27(6): 572-576.

[4] Thatte S M, Abraham J A. Test generation for microprocessors[J]. IEEE Transactions on Computers,1980, 29(06):429-441.

[5] 张同号，孙有朝. 共模故障分析[J]. 电子产品可靠性与环境试验，2005（4）：26-29

[6] 张弛. 电自动控制器软件评估概述[J]. 日用电器，2011（10）：2.

[7] 冯达，杨悦，姜春宝，等. 智能家电软件控制器评价系统[J]. 检验检疫学刊，2010（1）：4.

[8] 揭玮，梁意文，苏国强，等. 基于稳定模型的软件多样性与安全初探[J]. 计算机工程与应用，2004，40（7）：3.

[9] 周卫东. 组合导航系统应用软件可靠性研究[D]. 哈尔滨：哈尔滨工程大学，2006.

[10] 徐仁佐，谢呈，郑人杰. 软件可靠性模型及应用[M]. 北京：清华大学出版社，1994.

[11] 蔡开元. 关于软件可靠性和软件控制论的若干认识[J]. 中国科学基金，2004，18（4）：25-31.

[12] 白中英. 计算机组成原理[M]. 3 版. 北京：科学技术出版社，2007.

[13] 孔睿迅. 电子控制器软件浅析[J]. 日用电器，2007（9）：5.

[14] 李伯成. 基于 MCS-51 单片机的嵌入式系统设计[M]. 北京：电子工业出版社，2004.

[15] Grout I A. Integrated circuit test engineering: modern techniques[M]. Berlin：Springer Science & Business Media，2005.

[16] Kudva V, Aur A, Alkhimenok A. Class B Safety Software Library for PIC® MCUs and

dsPIC® DSCs[J]. 2008.

[17] William M G. 控制系统的安全评估与可靠性[M]. 2 版. 北京：中国电力出版社，2008.

[18] 王轶辰，徐萍. 嵌入式软件机内测试的设计与测试[J]. 计算机工程，2009，35（17）：34-39.

[19] Paschalis A,Gizopoulos D . Effective Software-Based Self-Test Strategies for On-Line Periodic Testing of Embedded Processors[C]//Conference on Design. IEEE Computer Society，2004: 88-99.

[20] Integrated Circuit Test Engineering Modern Techniques. Ian A. Grout[M]Berlin：Springer，2006.

[21] 任园园，刘建平.CRC-32 的算法研究与程序实现[J]. 中国新技术新产品，2008（18）：1.

[22] 裘迅. CRC 生成算法的实现[J]. 苏州市职业大学学报，2002（2）：59-60.

[23] Dugald Campbell.Making Industrial Systems Safer——Meeting the IEC 60730 standards [EB/OL] //www.freescale.com/beyondbits

[24] Mason D，Smith B. Dugald Campbell[J]. British Dental Journal,2010,209(4):193.

[25] Redpath S，Pocs J. Safety regulations and their impact on microcontrollers in home appliances[C]//2007 IEEE Industry Applications Annual Meeting.IEEE,2007: 1044-1046.

[26] 李维国，俞晓红，一种新的单片机"看门狗"电路软件设计方法[J]. 国外电子元器件，2000（10）：38-40.

[27] AVR998.Guide to IEC60730 Class B compliance with AVR microcontrollers[EB/OL] http://bdtic.com/cn/atmel/ATXMEGA64D3.

[28] 李学海. 标准 80C51 单片机基础教程——原理篇[M]. 北京:北京航空航天大学出版社，2006.

[29] 刘阳，刘晓东，孙首群，等. 嵌入式可编程安全相关系统软件故障控制措施及算法研究[J]. 计算机应用与软件，2015，1：229-258.

[30] 软件认证在电磁灶产品上的应用探讨[C]//2020 年中国家用电器技术大会，2020：1341-1346.

[31] DSC，MCU，电机控制，智能传感器，ADC. Microchip 推出全新 PIC MCU 和 dSPIC DSC，可实现成本敏感设计的先进控制[J]. 电源技术应用，2011，14（8）：1.

[32] 陈光梦. 数字逻辑基础[M]. 上海：复旦大学出版社，2004.

[33] 王秉钧. 现代通信系统原理[M]. 天津：天津大学出版社，1991.

[34] 周贤伟. 差错控制编码与安全[M]. 北京：国防工业出版社，2006.

[35] 李伯成. 嵌入式系统可靠性设计[M]. 北京：电子工业出版社，2006.

[36] Tanenbaum A S. Computer networks[M]. New York：Pearson Education India，2002.

[37] 刘业辉. 循环冗余编码算法及实现[J]. 北京工业职业技术学院学报，2005，4（3）：10-13.

[38] 王天宇. C51 实现单片机 CRC 快速算法[J]. 微计算机信息，2003，19（7）：57-58.

[39] 扈啸，周旭升. 单片机数据通信技术从入门到精通[M]. 西安：西安电子科技大学出版社，2002.

[40] 杨玉军. 单片机多机通信系统可靠性的研究[J]. 河南科学，2002，20（3）：308-310.

[41] 张洪润，张亚凡. 单片机原理及应用[M]. 北京：清华大学出版社，2005.

[42] 邓力，卢勇，聂雄. 51 单片机和 PLD 的 PROTEUS 电路仿真[J]. 电脑知识与技术，2007（2）：3.

[43] Onde V. 一个准 B 类微控制器平台[J]. 电子设计技术，2009，16（02）：66,68,79.

[44] 杜昊晨. 嵌入式机载软件安全性分析标准、方法及工具研究综述[J]. 科技经济市场，2017（06）：18-19.

[45] 邓辉，石竑松，张宝峰，等. 安全策略及设计规范的半形式化方法[J]. 清华大学学报（自然科学版），2017，57（07）：695-701.

[46] 苏家强. 微流控光合功能微结构制备系统远程控制的研究与实现[D]. 重庆：重庆大学，2016.

[47] 王毅. 电动汽车智能远程监控及控制终端设计[D]. 成都：西华大学，2019.

[48] 孙慧青. 数据加密技术在计算机网络信息安全中的应用研究[J]. 电脑知识与技术，2020，16（32）：61-62.

[49] 冯晓升. IEC61508 电器的/电子的/可编程电子安全—相关系统的功能安全简介（之一）[J]. 仪器仪表标准化与计量，2000（6）：2.

[50] 梅宏，申峻嵘. 软件体系结构研究进展[J]. 软件学报，2006（06）：1257-1275.

[51] 陆晓明. 软件全生命周期质量管理探讨[J]. 电子世界，2013（22）：177-178.

[52] 刘泽明. 软件工程技术在 VDR 主机软件设计中的应用研究[D]. 哈尔滨：哈尔滨工程大学，2006.

[53] Glenford J M，Tom B，Corey S. 软件测试的艺术[M]. 张晓明，黄琳. 译. 北京：机械工业出版社，2012.

[54] 张涛，马春燕，郑炜，等. 软件技术基础实验教程[M]. 西安：西北工业大学出版社，2015.

[55] ANSI/IEEE IEEE Standard for Software Unit Testing：ANSI/IEEE Std 1008-1987[S]. New York, IEEE, 1986:1-28.

[56] 余艳. 软件单元测试技术研究[D]. 武汉：华中科技大学，2004.

[57] 尹成义，张志华. 软件统计测试的比较和改进[J]. 运筹与管理，2004，13（003）：107-110.

[58] 肖文涛. 软件测试方法的应用分析[J]. 数码世界，2017，(11)：94.

[59] 周亚男，刘锦峰，朱程辉. 基于EN欧标流程的V模型软件测试[J]. 电子元器件与信息技术，2021，5（01）：133-135.

[60] 沈经.《电气/电子/可编程电子安全相关系统的功能安全措施》IEC标准——系统安全集成设计的定性步骤[J]. UPS应用，2015（2）：5.

[61] 张金山，张鸿，刘沅斌，等．软件测试阶段的版本管理研究[J]. 计算机光盘软件与应用，2014，17（09）：49-51.